21世纪机电技术应用类职业教育教材

机械系统拆装

（上册）

主　编　周　红
副主编　黄汉军

上海科学技术出版社

图书在版编目(CIP)数据

机械系统拆装 / 周红,黄汉军编著. —上海:上海科学技术出版社,2009.1(2023.1 重印)
ISBN 978-7-5323-9101-1

Ⅰ.机… Ⅱ.①周…②黄… Ⅲ.装配(机械) Ⅳ.TH16

中国版本图书馆 CIP 数据核字(2007)第 152349 号

电子课件网址:http://jc.sstp.cn/kj/

机械系统拆装(上册)
主编 周 红

上海世纪出版(集团)有限公司
上 海 科 学 技 术 出 版 社 出版、发行
(上海市闵行区号景路 159 弄 A 座 9-10 层)
邮政编码 201101 www.sstp.cn
上海当纳利印刷有限公司印刷
开本 787×1092 1/16 印张 10.5
字数:222 千字
2009 年 1 月第 1 版 2023 年 1 月第 9 次印刷
ISBN 978-7-5323-9101-1/TH·108
定价:37.00 元

内 容 提 要

“机械系统拆装”是中等职业学校机电技术应用专业的专业核心课程，是机电技术综合应用的入门课程。主要内容有：机械拆装工具的使用，机械制图国家标准、投影的基本原理和基本方法，机械图样的表达方法、标准件的画法、机械零件图和装配图的画法等。课程内容涵盖职业资格能力中的“机械拆装”和“钳工基本技能”考核模块。本书适合中等职业学校机电类相关专业师生使用。

前　言

2006 年 9 月，上海市教育委员会组织开发和制定了《上海市中等职业学校机电技术——应用专业教学标准》等 12 个专业教学标准（以下简称《标准》）。新的《标准》以科学发展观为指导，以就业为导向，以能力为本位，以岗位需要和职业标准为依据，以促进学生职业生涯发展为目标，构建了以职业能力为主线、以任务引领型课程为主体的具有上海特色的现代职业教育课程体系。本教材即是“机电技术应用”专业教学标准中“机械系统拆装”课程的配套教材。

本教材编写突破原来以学科为主线课程体系的套路，以应用为目的，以必需、够用为度，围绕职业能力的形成组织课程内容，并以典型产品为载体设计教学活动，按照工作过程设计学习过程，以职业技能鉴定为参照强化技能训练，打破理论知识的完整性和连贯性，以工作任务为中心整合相应的知识、技能和态度，由任务引领，采用“项目教学法”，实行“在做中学”。

本教材分上下两册，上册分六个项目，主要内容为机械拆装工具的使用、机械制图国家标准、投影的基本原理和基本方法、机械图样的表达方法、标准件的画法、机械零件图和装配图。下册分十一个项目，主要内容为常用机电设备机械系统的拆装技术和相关知识，包括机械系统支座拆装、导轨副拆装、轴承拆装、机械传动系统功能分析、带传动装置拆装、链传动装置拆装、齿轮传动装置拆装、联轴器拆装、轴系零部件拆装和机械系统安装与润滑。

本教材也适合中等职业学校近机类、非机类专业使用，也可供有关工程技术人员参考。本教材有以下特点：

◇ 打破“三段式”学科课程模式，课程内容组织、编排摆脱学科课程的束缚。

◇ 采用项目教学法，实行在做中学。

◇ 摒弃烦琐的理论叙述，体现职业教育的应用特色和能力本位观念。

◇ 有配套的习题（册），便于学生复习、练习。

◇ 引入拓展知识，可实施分层教学。

本教材主编周红，副主编黄汉军。其中项目一至四由周红编写，项目五、六由周丹天编写，项目七至十一由杨明编写，项目十二、十三、十五、十六、十七由傅建新编写，项目十四由孙勤编写。由于时间仓促，编写经验不足，难免有疏漏之处，请使用本教材的同行和读者批评指正。

本书在编写过程中得到行业技术专家、资深专业老师指导，也参考了一些相关的教材和书籍，在此谨向有关人员致谢。

编　者

2008 年 7 月

前言

目　　录

项目一　机械拆装准备

§1.1　能力目标

一、知识要求

（1）知道机械拆装 HSE(Health，Safety，Environment)知识。
（2）认识典型拆装工具。
（3）认识减速器。
（4）了解拆装工作计划。
（5）了解国家标准《机械制图》有关图幅、比例、字体、图线和尺寸注法等基本规定。
（6）了解绘图工具和仪器的用法。

二、技能要求

（1）会正确选用拆卸工具。
（2）会识读图样中国家标准《机械制图》有关图幅、比例、图线。
（3）会正确使用丁字尺、三角板、圆规、分规等绘图工具和仪器。
（4）会写《机械制图》规定字体，会画《机械制图》规定图线，字体工整、图面整洁美观。
（5）能进行安全文明操作。

§1.2　材料、工具及设备

（1）实训守则。
（2）一级直齿圆柱齿轮减速器及其装配图示意图。
（3）拆装及测量工具：扳手、铅丝、涂料等。
（4）绘图工具和仪器：丁字尺、三角板、圆规、分规、制图铅笔等。

§1.3　学习内容

活动 1　学习机械拆装安全知识

学习实训室守则、机械拆装安全知识，树立 HSE 理念。机械拆装实训守则、安全知识

如下：

（1）按实训要求穿工作服，不得穿背心、拖鞋进入实训室；不得在实训楼范围内抽烟、追逐、嬉闹。

（2）拆装过程中同学之间要相互配合与关照，工具、设备应轻拿轻放，以防砸伤手脚、损坏机件。

（3）拆装过程中不得硬拆硬装，拆装过程中不准用锤子或其他工具击打任何零件。

（4）测量工具不要碰撞其他物品，以保持其精度要求。

（5）减速器拆装过程中若需搬动，必须缓吊轻放。

（6）实训过程中须注意人身和设备安全，遵守规范操作。

活动 2　认识拆装工具、绘图工具和仪器

一、螺钉旋具

螺钉旋具有：一字旋具（见图 1-1a）、十字旋具（见图 1-1b）、弯头旋具（见图 1-1c）、快速旋具（见图 1-1d）等几种。

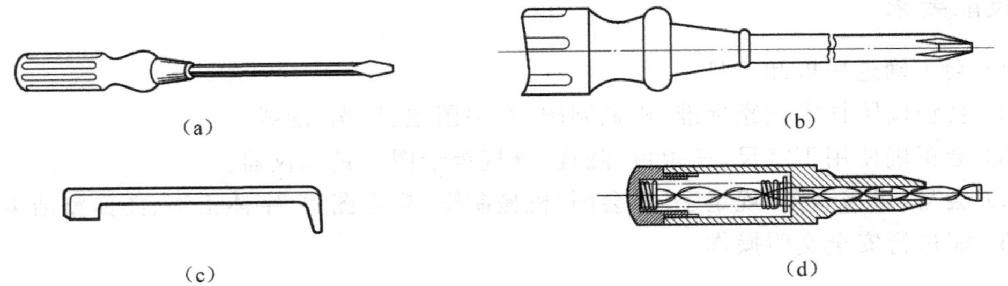

图 1-1　螺钉旋具

一字旋具用于拧紧或松开头部带一字形沟槽的螺钉；十字旋具用于拧紧或松开头部带十字形沟槽的螺钉；弯头旋具用于螺钉头部空间狭小而不能使用标准旋具拧紧或松开螺钉的场合；快速旋具用于快速装拆螺钉的场合。

二、活动扳手（见图 1-2）

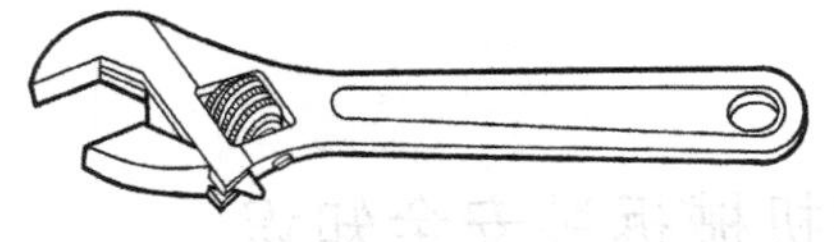

图 1-2　活动扳手

三、专用扳手

专用扳手有：呆扳手(见图 1-3a)、梅花扳手(见图 1-3b)、套筒扳手(见图 1-3c)、内六方扳手(见图 1-3d)。

呆扳手用于拆装一般标准规格的螺母和螺栓；梅花扳手与呆扳手用途相同，能将螺母或螺栓头部全部围住，从而保证了工作的可靠性；套筒扳手用于拆装位置狭小，特别隐蔽的螺母和螺栓；内六方扳手用于拆装标准的内六方螺钉。

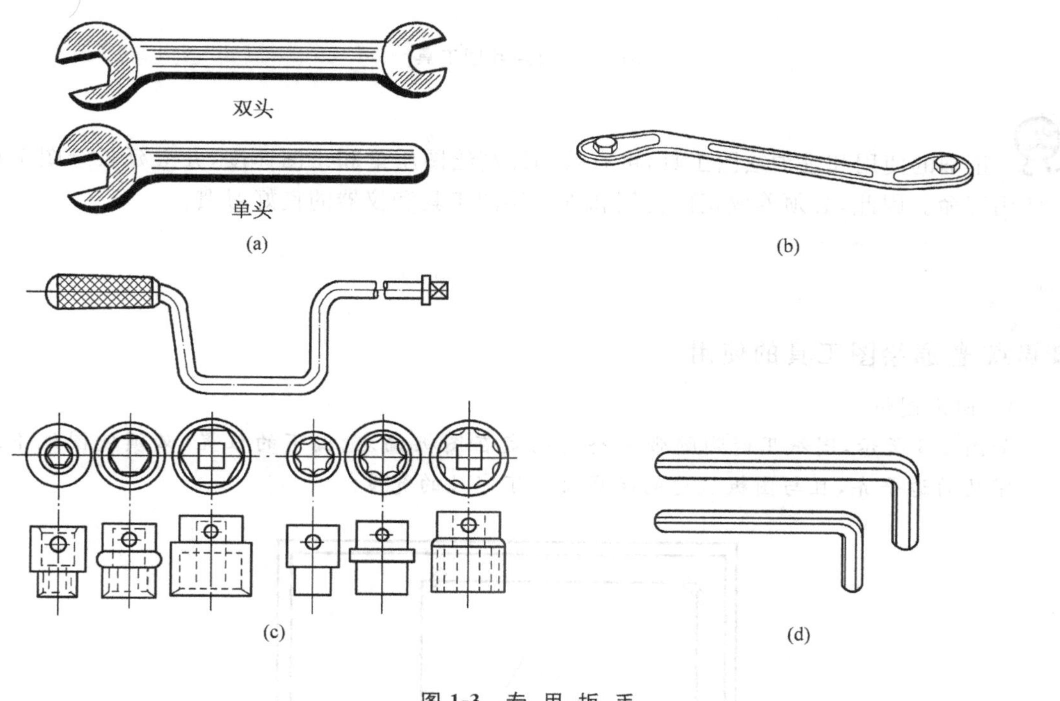

图 1-3　专用扳手

四、弹性锤子

弹性锤子有圆头和尖头两种形状，见图 1-4。

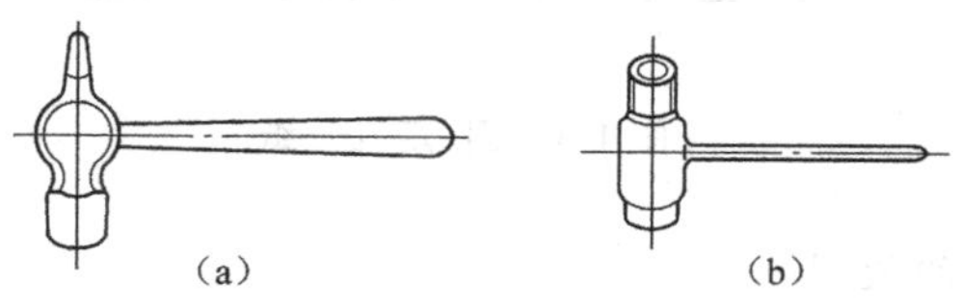

图 1-4　弹性锤子

五、认识普通绘图工具

普通绘图工具有：图板、丁字尺、三角板、比例尺、圆规、制图铅笔绘图仪器等，见图 1-5。

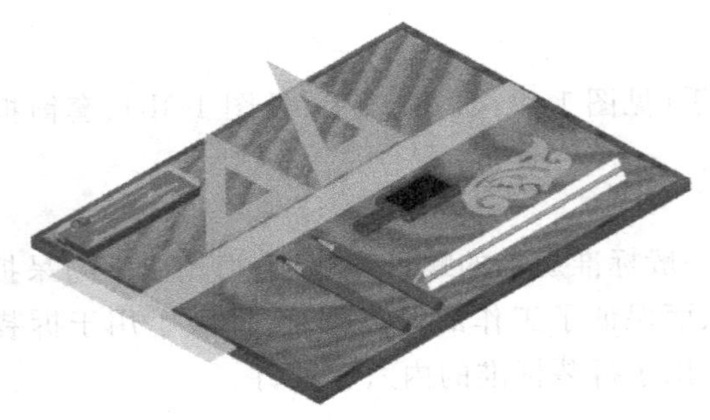

图 1-5　普通绘图工具

正确的使用和维护绘图工具，可有效的提高绘图质量和绘图速度，并会延长绘图工具的使用寿命。因此，必须养成正确使用和维护绘图工具和仪器的良好习惯。

知识点 普通绘图工具的使用

1. 固定图板

如图 1-6 所示，图纸用透明胶带平整的固定在图板偏左、偏下的位置，必须使图纸下边与丁字尺的边平齐，且与图板底边的距离大于丁字尺的宽度。

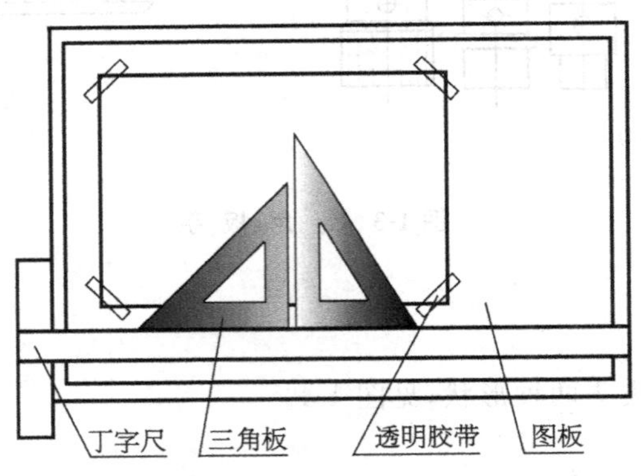

图 1-6　固 定 图 纸

2. 丁字尺和三角板的使用

丁字尺由尺头和尺身组成，可沿图板上下移动画出水平线。一副三角板分别由一块 45°板和一块 30°、60°板组成，除直接用来画直线外，也可配合丁字尺画铅垂线和与水平线成 30°、45°、60°的倾斜线，如图 1-7 所示。

图 1-7b 中的第②种画法错误的原因是：当笔尖向下运动到快接近丁字尺时，笔尖与纸面的夹角会变化，使得笔尖受力改变，画出的线条粗细不均。

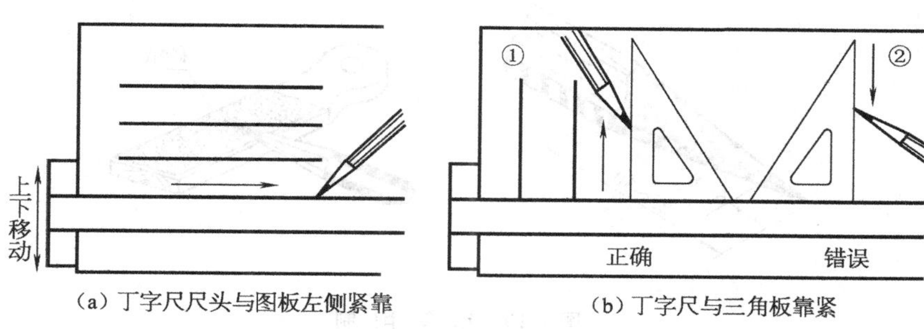

(a) 丁字尺尺头与图板左侧紧靠　　(b) 丁字尺与三角板靠紧

图 1-7　丁字尺和三角板配合作图

两块三角板相互配合还可画出与水平线成 15°、75°的倾斜线，并且还可画出已知直线的平行线和垂直线，如图 1-8 所示。

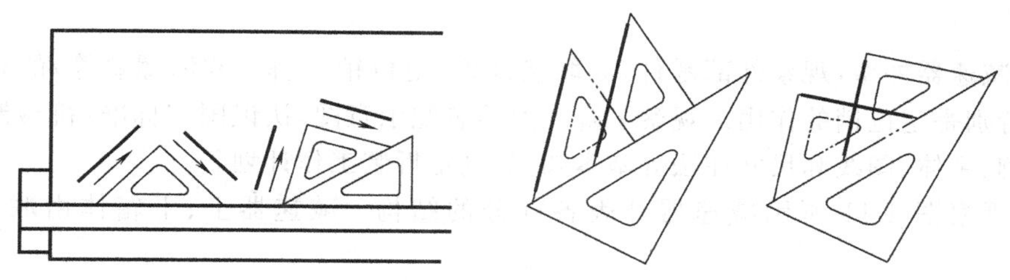

图 1-8　两块三角板配合作图

三角板和丁字尺要经常用细布擦拭干净。

3. 圆规

圆规主要用来画圆和圆弧，使用时应将有台阶的一端插入图板中，钢针的台阶需与铅笔芯平齐。当画大圆时，应将针尖和铅笔尖均垂直于纸面，如图 1-9 所示。

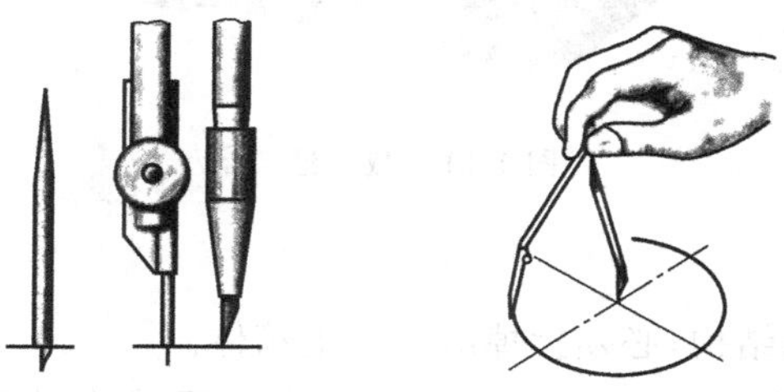

图 1-9　圆规的使用

4. 制图铅笔

绘图铅笔按笔芯的软硬分为 B、H、HB 等多种标号。B 表示软，其前面的数字越大，表示铅芯越软；H 代表硬，其前面的数值越大，表示铅芯越硬；HB 表示软硬适中。B 型铅笔常用来画粗实线，HB 型铅笔常用来写字画箭头，1H、2H 型铅笔常用来画细线和打底稿。铅笔削制如图 1-10 所示。

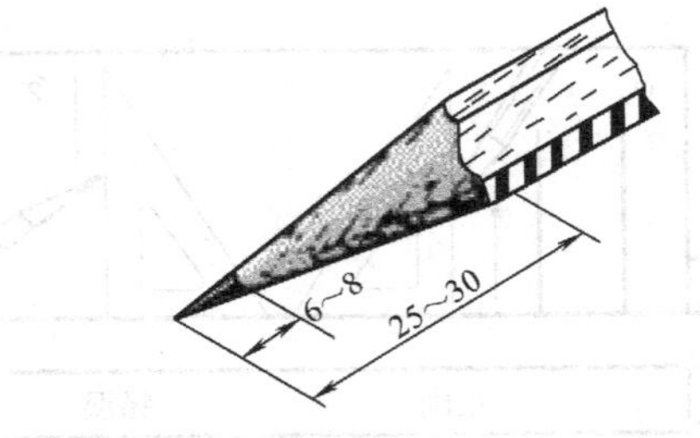

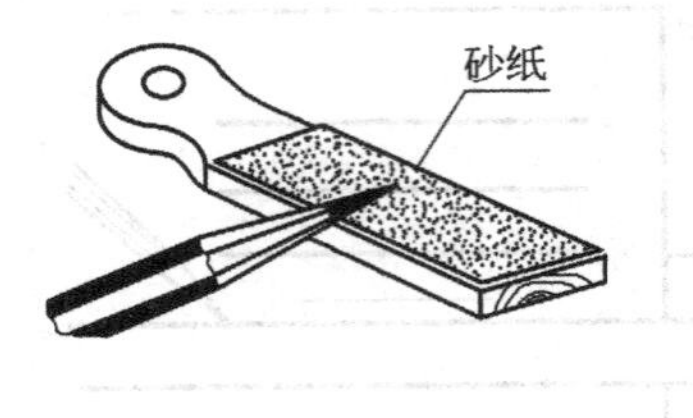

图 1-10 铅 笔 削 制

活动 3 观察减速器及其装配图，制定拆装工作计划

观察减速器外型，观察外部零件（如联接螺栓、定位销、油标、放油螺塞等）的布置，了解其作用，特别是定位销的作用。观察了解减速器装配示意图，认识国家标准《机械制图》有关图幅、比例、字体、图线和尺寸注法等基本知识，制定拆装工作计划。

仔细观察图 1-11 所示减速器外表各部分的结构。减速器上、下箱体由联接件联接而成。

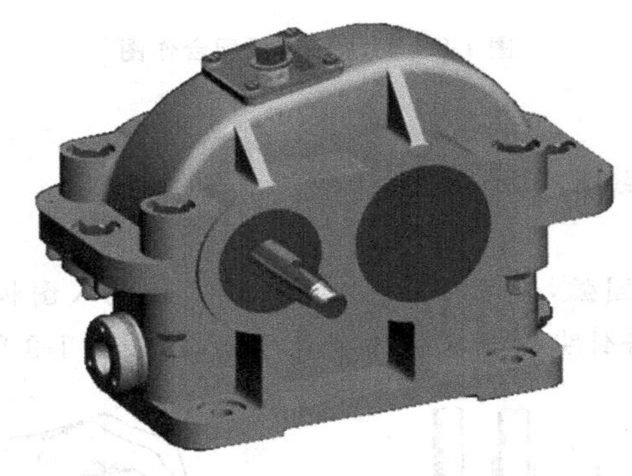

图 1-11 减 速 器

要知道减速器里面结构，必须拆掉减速器上箱体。

观察图 1-12 减速器装配示意图，装配示意图表达了减速器部件的联接、工作原理和零件之间的装配关系。

一、图纸幅面及格式

图 1-12 所示图纸幅面代号为 A1，尺寸为 $B \times L = 594\,\text{mm} \times 841\,\text{mm}$。图框用粗实线绘制，不留装订边，$e = 10\,\text{mm}$。图 1-12 右下角是标题栏，看图的方向与标题栏的方向一致。

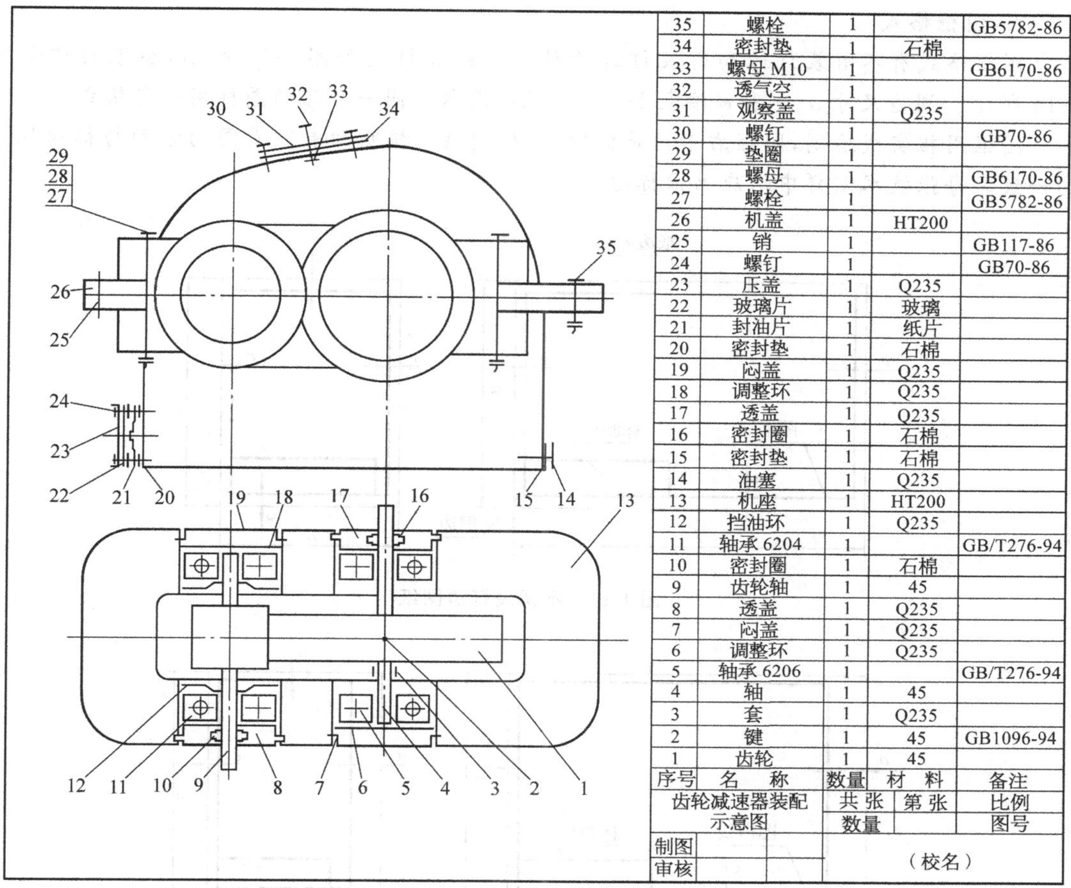

序号	名称	数量	材料	备注
35	螺栓	1		GB5782-86
34	密封垫	1	石棉	
33	螺母 M10	1		GB6170-86
32	透气空	1		
31	观察盖	1	Q235	
30	螺钉	1		GB70-86
29	垫圈	1		
28	螺母	1		GB6170-86
27	螺栓	1		GB5782-86
26	机盖	1	HT200	
25	销	1		GB117-86
24	螺钉	1		GB70-86
23	压盖	1	Q235	
22	玻璃片	1	玻璃	
21	封油片	1	纸片	
20	密封垫	1	石棉	
19	闷盖	1	Q235	
18	调整环	1	Q235	
17	透盖	1	Q235	
16	密封圈	1	石棉	
15	密封垫	1	石棉	
14	油塞	1	Q235	
13	机座	1	HT200	
12	挡油环	1	Q235	
11	轴承 6204	1		GB/T276-94
10	密封圈	1	石棉	
9	齿轮轴	1	45	
8	透盖	1	Q235	
7	闷盖	1	Q235	
6	调整环	1	Q235	
5	轴承 6206	1		GB/T276-94
4	轴	1	45	
3	套	1	Q235	
2	键	1	45	GB1096-94
1	齿轮	1	45	

齿轮减速器装配示意图	共 张	第 张	比例
	数量		图号
制图		（校名）	
审核			

图 1-12　减速器装配示意图

知识点　国家标准《机械制图》有关图幅基本规定（GB/T 14689—1993）

《国家标准》简称“国标”，代号“GB”，是绘制和识读机械图样的基础技术标准之一。

1. 图纸幅面尺寸

绘制技术图样时优先采用表 1-1 所规定的基本幅面。必要时允许按基本幅面的短边成整数倍增加。

表 1-1　图纸幅面尺寸

<table>
<tr><td colspan="2">幅面代号</td><td>A0</td><td>A1</td><td>A2</td><td>A3</td><td>A4</td></tr>
<tr><td colspan="2">尺寸 B×L(mm)</td><td>841×1 189</td><td>594×841</td><td>420×594</td><td>297×420</td><td>210×297</td></tr>
<tr><td rowspan="3">边
框</td><td>a</td><td colspan="5">25</td></tr>
<tr><td>c</td><td colspan="3">10</td><td colspan="2">5</td></tr>
<tr><td>e</td><td colspan="2">20</td><td colspan="3">10</td></tr>
</table>

2. 图框格式

图框格式有不留装订边和留装订边两种。不留装订边如图 1-13 所示，留装订边如图 1-14 所示。周边尺寸 a、c 和 e 按表 1-1 中的规定选取。同一产品的图样用一种格式。

图框用粗实线绘制，图框右下角是标题栏（标题栏上接明细表），看图的方向与标题栏方向一致。每张技术图样中均应画出标题栏。

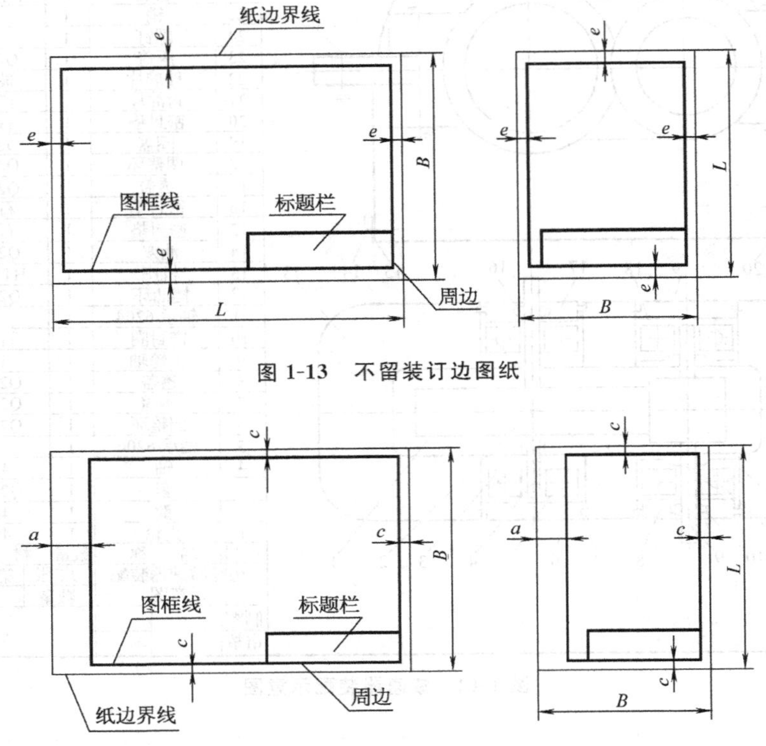

图 1-13　不留装订边图纸

图 1-14　留装订边图纸

3. 标题栏格式

标题栏格式如图 1-15 所示。

零件名称				材料	
				数量	
设计	姓名	日期	校名、班级	重量	
制图	姓名	日期		比例	
审核	姓名	日期		图号	
15	25	18		15	

38

140

图 1-15　标　题　栏

二、比例

比例是图样中机件的线性尺寸与机件的实际尺寸之比。图1-12减速器装配示意图绘图比例是1∶1，填写在标题栏的比例一栏中。

当机件过大或过小时，需将机件缩小或放大画出，此时可用规定的比例进行绘制，但尺寸仍然要按机件的实际尺寸进行标注。

知识点　绘图比例

绘制图样时，应根据图样的用途与所绘机件的复杂程度，从见表1-2规定的系列中选取适当的比例(GB/T 14690—1993)。

表1-2　绘图比例

原值比例	1∶1
缩小的比例	1∶1.5　1∶2　1∶2.5　1∶3　1∶5　1∶10　1∶1×10^n　1∶2×10^n　1∶5×10^n
放大的比例	2∶1　2.5∶1　4∶1　5∶1　1×10^n∶1　2×10^n∶1　5×10^n∶1

注：n为正整数。

为了能从图样上得到实物大小的真实概念，应尽量采用原值比例(1∶1)绘图。

三、字体

图1-12减速器装配示意图上的汉字是长仿宋体字，5号大小，字体高度尺寸h为5mm(字号即字体的高度)。

知识点　字体(GB/T 14691—1993)

图样上的汉字必须写成长仿宋体，字的大小应按字号(即字体的高度)规定执行。字体高度尺寸h有1.8、2.5、3.5、5、7、10、14、20mm八种。

(1) 写汉字时字高不能小于3.5mm，字宽约为字体高的2/3，如图1-16所示。

字体工整　笔画清楚　间隔均匀　排列整齐

横平竖直注意起落结构均匀填满方格

图1-16　汉字字体

（2）数字一律写成斜体，字头向右倾斜，与水平基线成 75°，如图 1-17 所示。

0123456789

图 1-17 数字字体

（3）字母有大小写之分，如图 1-18 所示。

（4）在同一图样上，只允许选用一种形式的字体。

图 1-18 字母字体

四、图线

图 1-12 减速器装配示意图图框用的是粗实线，画示意图用了细实线、细点画线。

图样中为了表示不同内容，并能分清主次，必须使用不同线型、线宽的图线。

知识点 图线类型及应用（GB/T 4457.4—1984、GB/T 17450—1998）

1. 图线类型

图线分粗细两类，绘图时应根据图形的大小和复杂程度，在 0.5～2mm 的范围内选用粗线的宽度 b，细线（细实线、虚线、细点画线）宽度约为 $b/3$。图线的具体名称、形式详见表 1-3。

表 1-3 图线类型

图线名称	图线形式	代号	线宽	一般应用
粗实线	b	A	b	可见轮廓线 可见过渡线

（续表）

图线名称	图线形式	代号	线宽	一般应用
细实线		B	约 $b/3$	尺寸线与尺寸界限 剖面线、引出线 重合断面轮廓线
波浪线		C	约 $b/3$	视图和剖视图的分界线 断裂处的边界线
双折线		D		
虚线	4～5 1	F	约 $b/3$	不可见轮廓线 不可见过渡线
细点画线	15～20 2～3	G	约 $b/3$	轴线、对称中心线、 轨迹线、节圆及节线
粗点画线	15～20 2～3	J	b	有特殊要求的线 或表面表示线
双点画线	15～20 4～5	K	约 $b/3$	极限位置轮廓线 假想投影轮廓线

2. 图线用法

不同的线型有不同的用途，图线的应用示例见图 1-19。

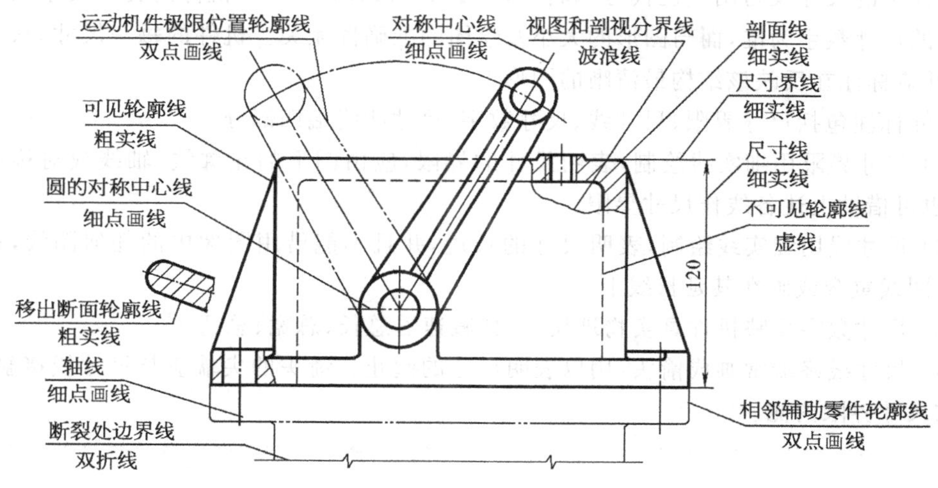

图 1-19 图线应用示例

画图线时需注意以下几点：

（1）在同一图样中，同类图线的宽度应基本一致。

（2）虚线、点画线及双点画线的线段长度和间隔应大致相等。

(3) 两条平行线(包括剖面线)之间的距离应不小于粗实线宽度的两倍,其最小距离不得小于 0.7mm。

(4) 虚线与虚线、虚线与粗实线相交应以线段相交;若虚线处于粗实线的延长线上时,粗实线应画到位,而虚线在相连处应留有空隙,点画线应超出轮廓线长度约 3～5mm。如图 1-20 所示。

(5) 当几种线条重合时,应按粗实线、虚线、点画线的优先顺序画出。

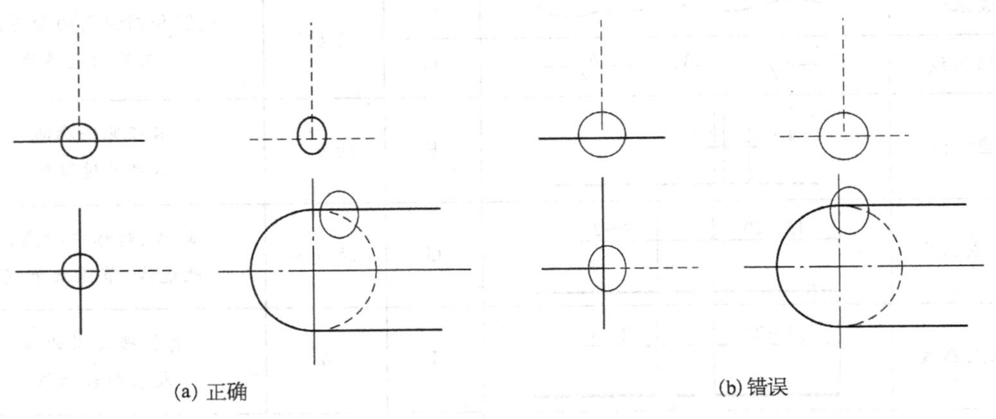

图 1-20 图线画法

五、尺寸

图样中的尺寸没写出单位代号和名称,以毫米(mm)为单位。机件的真实大小以图样上所标注的尺寸数字为准,而与图形的大小及绘图的准确性无关。机件的每一尺寸,只需标注一次,并应标注在反映该结构最清晰的图形上。

尺寸标注包括尺寸界限、尺寸线、尺寸数字、尺寸线终端四部分。

(1) 尺寸界限用细实线绘制,表明尺寸的界限,应由图形的轮廓线、轴线或对称中心线引出,也可借助上述各线作尺寸界限。

(2) 尺寸线用细实线绘制,表明尺寸的长短,并且不能借用图像中的任何图线,也不得与其他图线重合或画在其延长线上。

(3) 尺寸数字反映机件真实物理尺寸,如减速器总长、总宽、总高。

(4) 尺寸线终端常画成箭头,用以表明尺寸的起止。箭头的尖端应与尺寸线接触,且尽量画在尺寸界限内侧。

知识点 尺寸标注(GB/T 4458.4—1984)

1. 线性尺寸标注

线性尺寸数字写在尺寸线的上方或中断处,当位置不够时也可引出标注。数字应按图 1-21a 所示的方向标注,并尽可能避免在图示 30°范围内标注,若无法避免时,可按图 1-21b

的形式标注。非水平方向上的尺寸，其数字可水平标注在尺寸线的中断处，如图 1-21c 所示。并且，尺寸数字不可被任何图线所通过，否则必须将该图线断开，如图 1-21d 所示。

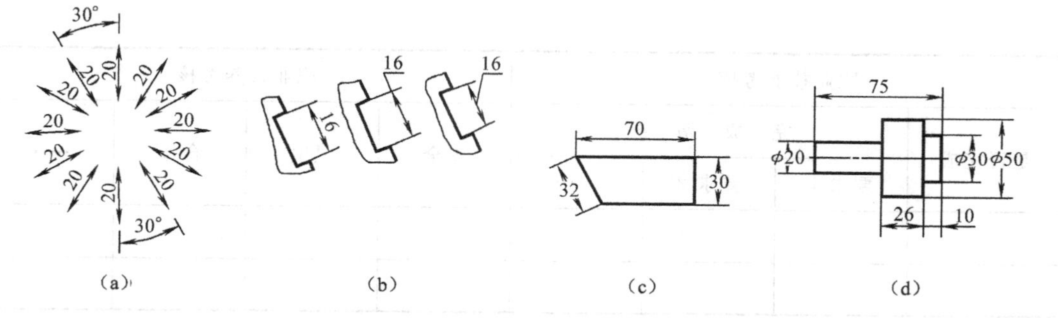

图 1-21　线性尺寸标注

2. 直径与半径尺寸标注

标注直径尺寸时，应在尺寸数字前加注符号“∅”；标注半径尺寸时，应在尺寸数字前加注符号“R”，如图 1-22 所示。

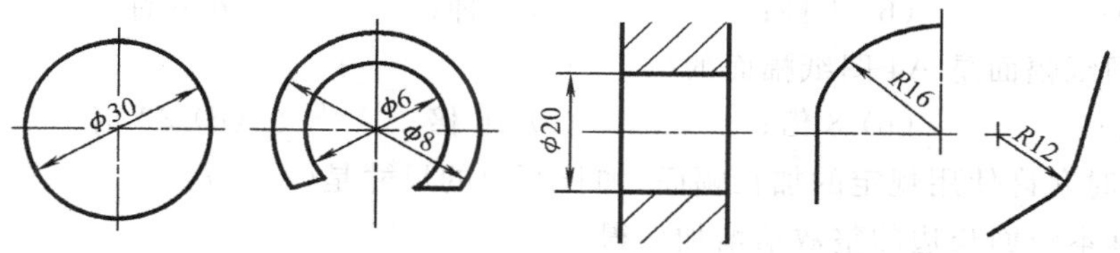

图 1-22　直径与半径尺寸标注

3. 角度标注

角度尺寸标注时，角度数字一律写成水平方向，一般注写在尺寸线的中断处，也可写在尺寸线的上方，如图 1-23 所示。

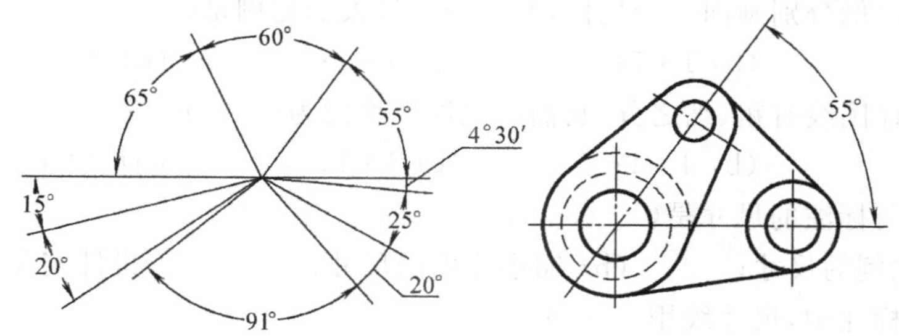

图 1-23　角 度 标 注

六、了解拆卸工作计划

显然，要拆卸减速器的内部结构必须先拆掉上箱体。拆卸计划大致为：拆观察孔盖板→拆卸箱盖→拆卸轴承端盖→拆卸轴及轴上零件→拆卸附件。

§1.4 考核建议

职业技能考核				职业素养考核			
是否完成	完成情况			安全	卫生	合作	……
	要求 1	要求 2	……				

§1.5 想一想、议一议

1. 国家标准中优先采用的图纸基本幅面有(　　)。
(a) 3 种；　(b) 4 种；　(c) 5 种；　(d)6 种

2. A0 图纸幅面是 A4 图纸幅面的(　　)。
(a) 4 倍；　(b) 8 倍；　(c) 16 倍；　(d) 32 倍

3. 必要时允许使用规定的加长幅面，加长幅面的尺寸是(　　)。
(a) 按基本幅面长边的整数倍增加而得；
(b) 按基本幅面短边的任意倍数增加而得；
(c) 按基本幅面短边的 2 倍增加而得；
(d) 按基本幅面短边的整数倍增加而得

4. 国家标准中规定标题栏正常情况下应画在图纸的(　　)。
(a) 左上角；　(b) 右上角；　(c) 左下角；　(d) 右下角

5. 用下列比例分别画同一个机件，所绘图形最大的比例是(　　)。
(a) 1∶1；　(b) 1∶5；　(c) 5∶1；　(d) 2∶1

6. 机械图样图线有粗、细之分，它们的宽度比率约为(　　)。
(a) 1∶2；　(b) 4∶1；　(c) 3∶1；　(d) 2∶1

7. 图样上所标注的尺寸是(　　)。
(a) 放大比例的尺寸；　(b) 缩小比例的尺寸；　(c) 机件实际的尺寸。

8. 在尺寸标注中，尺寸线用(　　)。
(a) 粗实线；　(b) 点画线；　(c) 细实线；　(d) 任意线

9. 一个完整的尺寸所包含的三个基本要素是(　　)。
(a) 尺寸界线、尺寸线和箭头；　(b) 尺寸界线、尺寸数字和箭头；
(c) 尺寸界线、尺寸线和尺寸数字；　(d) 尺寸线、箭头和尺寸数字

10. 图形上未注明单位的尺寸数字单位是(　　)。
(a) mm；　(b) 不确定；
(c) cm；　(d) 由看图者自己确定

11. 标注角度的尺寸时，角度数字应(　　)注写。
(a) 水平方向书写；　　(b) 竖直方向书写；
(c) 与线性尺寸数字的方向一致；　　(d) 向心方向书写
12. 在尺寸标注中轮廓线可以作为(　　)。
(a) 尺寸线；　　(b) 尺寸界线；　　(c) 引出线
13. 在尺寸标注中 $S\Phi$ 代表(　　)。
(a) 球半径；　　(b) 球直径；　　(c) 圆直径

项目二　拆卸箱体与箱盖上的联接件

§2.1　能力目标

一、知识要求

（1）知道箱盖结构功能。
（2）了解螺纹及螺纹联结的基本知识。
（3）理解三视图的投影规律(对应关系、度量关系、位置关系)。
（4）了解销联接的基本知识。

二、技能要求

（1）会正确选用拆卸工具、绘图工具和仪器。
（2）会正确拆卸螺纹联接并复位。
（3）会识别常用螺纹联接件、紧固件。
（4）会识读螺纹联接件画法及其联接画法。
（5）会识读销联接画法。
（6）能进行安全文明操作。

§2.2　材料、工具及设备

（1）一级直齿圆柱齿轮减速器。
（2）拆装及测量工具:螺钉旋具、扳手、钢皮尺、内外卡钳、铅丝、涂料等。
（3）三角板、丁字尺、圆规、制图铅笔等绘图工具。

§2.3　学习内容

活动 1　测绘观察孔盖板

图 2-1　观察孔盖

用螺钉旋具拆下观察孔盖上螺钉,取下观察孔盖(见图 2-1),测量其长、宽、厚、螺纹尺寸。选择合适的图纸绘制观察孔盖三视图,并标注尺寸。

对测量得到的数据要进行分析处理。同一个数据要多测几组，取其平均值。

一、认识螺纹联接的拆卸方法

根据螺钉头部沟槽形状和尺寸大小选用相应的螺钉旋具，按规定顺序拆卸（先四周后中间，或按对角线，如图 2-2 所示），首先将各螺钉先拧松 1～2 圈，然后逐一拆卸，以免力量最后集中到一个螺钉上，造成难以拆卸或零件变形和损坏。找一个干净无灰尘的场地（可放入塑料盘中以免丢失），按拆卸先后顺序，分部位排放整齐。拆卸下的有关配合表面应擦拭干净，并涂以机油。

先看好零件原始的方向和位置后再拆卸，必要时，做好记录。

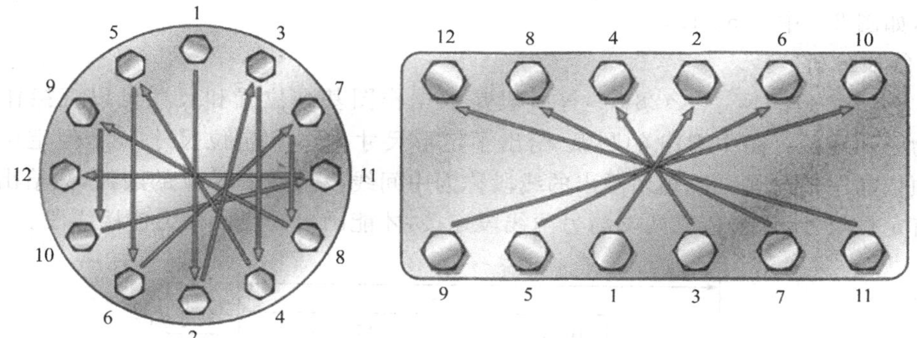

图 2-2　成组螺栓的拆卸顺序

知识点　螺钉旋具的使用

使用螺钉旋具时，手握旋具手柄，使刃口对准螺钉头部沟槽，向下用力，同时顺时针或逆时针旋转旋具，即可拧紧或松开螺钉，如图 2-3a 所示。

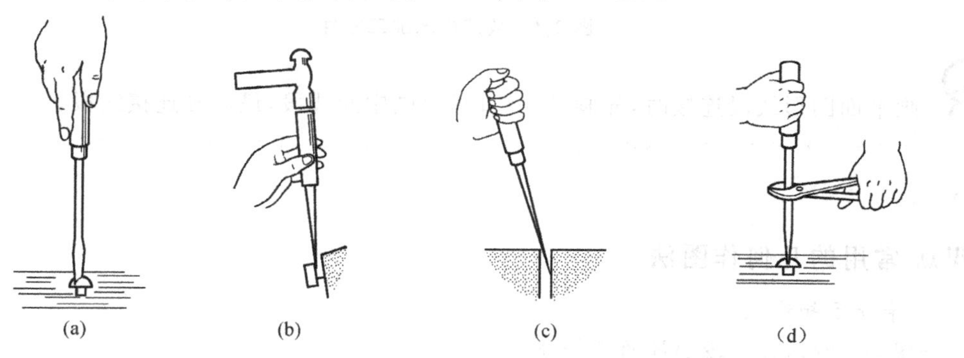

图 2-3　螺钉旋具的用法

使用旋具时要注意：

(1) 不能用锤子敲击旋具头部(见图 2-3b)。

(2) 不可将旋具当撬棒使用(见图 2-3c)。

(3) 不可在旋具刃口附近用扳手或钳子来增加扭力(见图 2-3d)。

二、分析平面图形的尺寸

1. 尺寸分析

平面图形中的尺寸,按其作用可分为定形尺寸和定位尺寸两类。而在标注和分析尺寸时,首先必须确定基准。

尺寸基准是指标注尺寸的起点。定形尺寸是指确定平面图形形状的尺寸,如图 2-4 数控机床加工零件图纸中∅16、∅20。定位尺寸是指确定圆心、线段等在平面图形中的位置的尺寸,如图 2-4 中 1.5、12。

2. 线段分析

图 2-4 中,$\varnothing 36^{+0.05}_{-0.02}$、$\varnothing 28^{+0}_{-0.02}$ 等线段是根据作图基准位置和尺寸可以直接作出的线段,称为已知线段。图中 $R16$ 的圆弧,给出了定形尺寸 $R16$ 和定位尺寸 1.5,但定位尺寸不全,必须依靠一端与另一段相切画出的线段称为中间线段。图中 $R30$ 的圆弧,只给出定形尺寸,没有定位尺寸,需要依靠两端与另两线段连接,才能画出的线段称为连接线段。

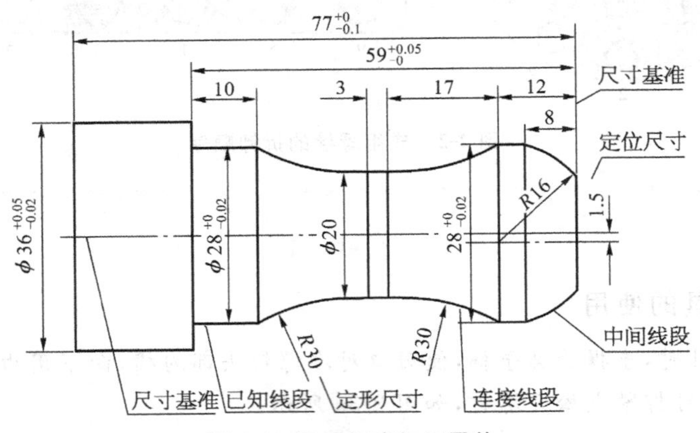

图 2-4 数控机床加工零件

画平面图形线段连接时,先画已知线段,再画中间线段,最后画连接线段。

知识点 常用的几何作图法

1. 等分已知线段

如图 2-5 所示作线段 AB 的五等分。

- 过端点 A 任作一直线 AC,用分规以等距离在 AC 上量 1、2、3、4、5 各一等分;
- 连接 $5B$,过 1、2、3、4 等分点作 $5B$ 的平行线与 AB 相交,得等分点 1′、2′、3′、4′即为所求。

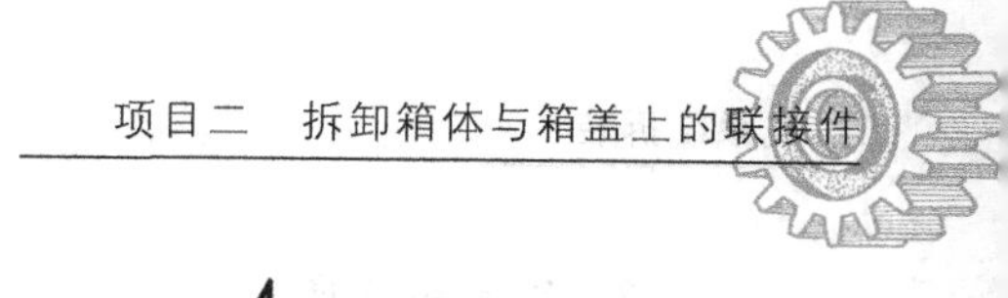

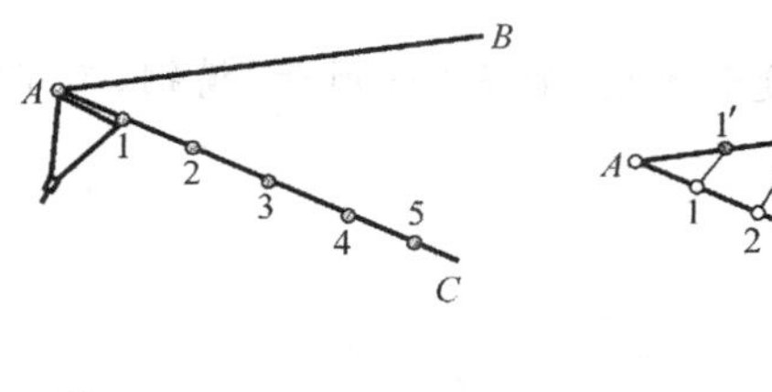

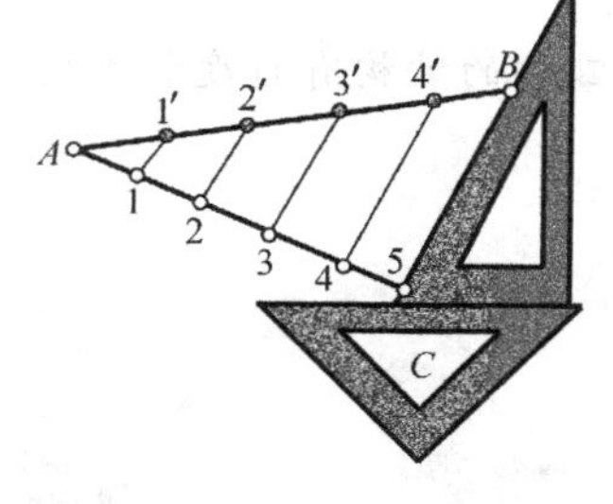

图 2-5　五等分线段

2. 等分圆周和作正多边形

(1) 六等分圆周：

方法一，如图 2-6a 所示分别以 A 点和 B 点为圆心，OA 为半径作圆弧交圆于 1、2、3、4 四点，顺次连接圆周上六点，既可六等分圆(内接正六边形)。

方法二，如图 2-6b 所示：

- 用 60°三角板紧贴丁字尺左移，当过 2、5 两点时作直线交圆于 1、4 两点；
- 翻转三角板，紧贴丁字尺右移，当过 5、2 两点时作直线交圆于 6、3 两点；
- 向上平移丁字尺，连接 1、6 点和 3、4 点，即可六等分圆(内接正六边形)。

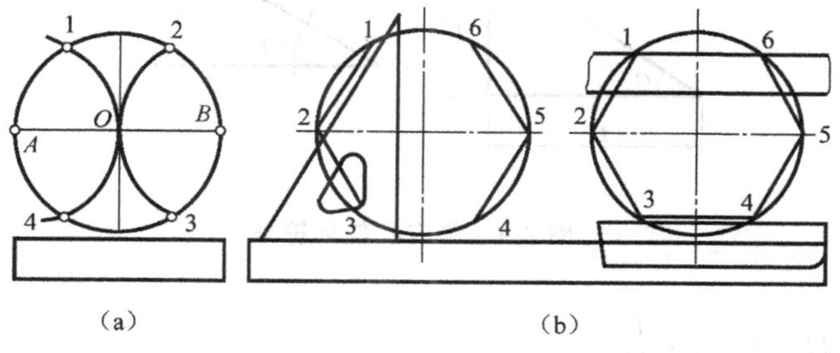

图 2-6　六等分圆

(2) 五等分圆(内接正五边形)：五等分圆(内接正五边形)作图步骤如图 2-7 所示。

- 作圆的半径 OA 的中点 D；
- 以 D 为圆心，DE 为半径作弧线交于 K 点，则 EK 的长度即为所求圆内接五边形边长；
- 分别以边长 EK 等分圆，得交点 F、G、H、I，连接 E、F、G、H、I 既可五等分圆(内接正五边形)。

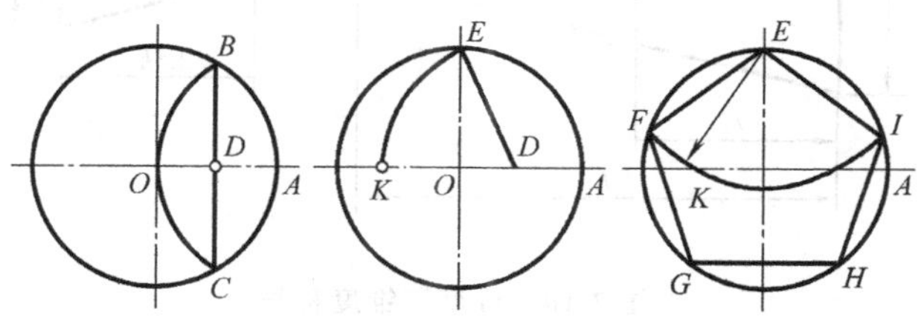

图 2-7　五等分圆

3. 斜度和锥度

工程上有许多零件的结构有斜度和锥度，如图 2-8 所示，槽钢、工字钢翼缘、塞尺的结构都有斜度或锥度。

图 2-8　有斜度和锥度的零件

斜度是指一直线（或平面）对另一直线（或平面）的倾斜程度，其大小以它们夹角 α 的正切来表示，并将此值化为 $1:n$ 的形式，加注斜度符号“∠”或“⦣”，符号的方向应与图形中的倾斜方向一致，斜度和斜度符号如图 2-9 所示，其中 h 为字高。

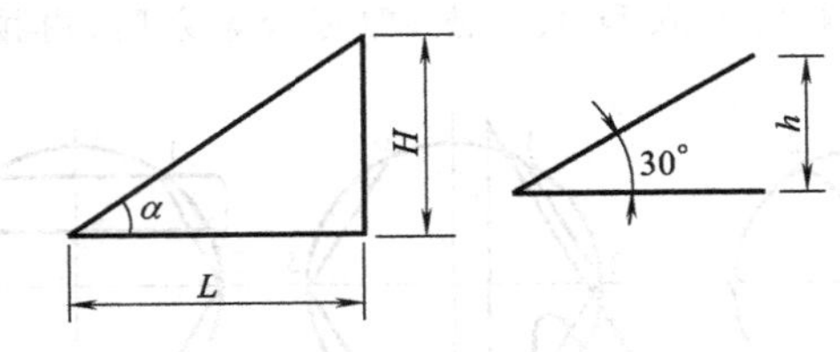

图 2-9　斜度和斜度符号

斜度 $=\tan\alpha=H:L=1:\dfrac{L}{H}$

锥度是指圆锥的底面直径与锥体高度之比，如果是圆台，则为上、下两底圆的直径差与锥台高度之比值。锥度和锥度符号如图 2-10 所示。

锥度 $=\dfrac{D}{L}=\dfrac{D-d}{l}=2\tan\alpha$

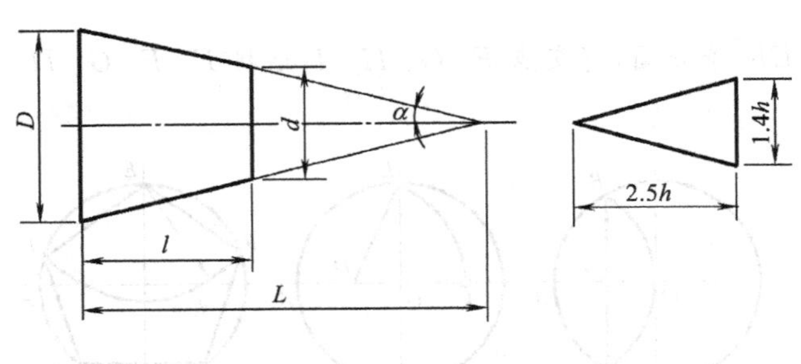

图 2-10　锥度和锥度符号

斜度和锥度画法如图 2-11、图 2-12 所示。

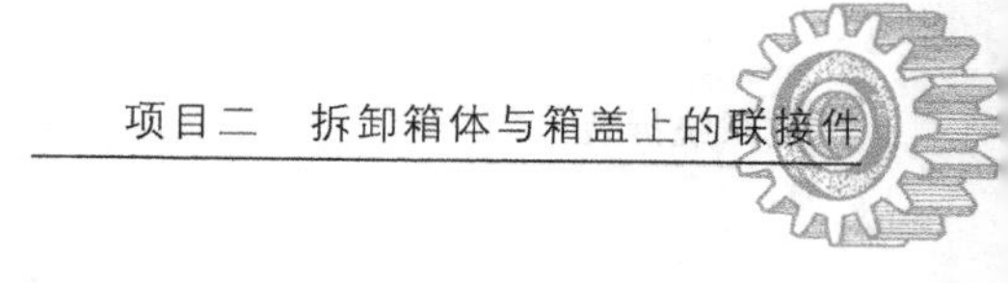

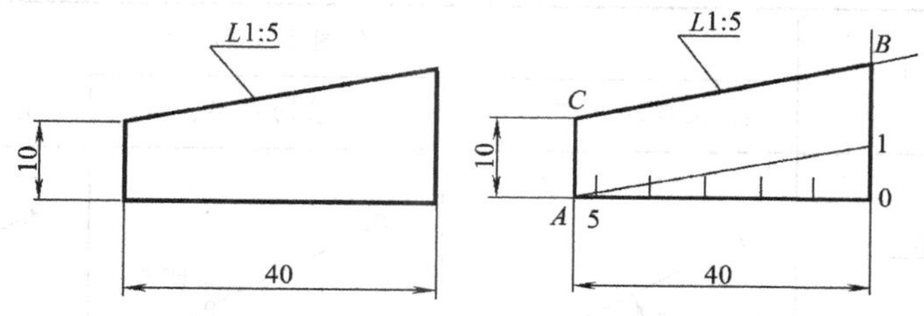

图 2-11　斜度的画法

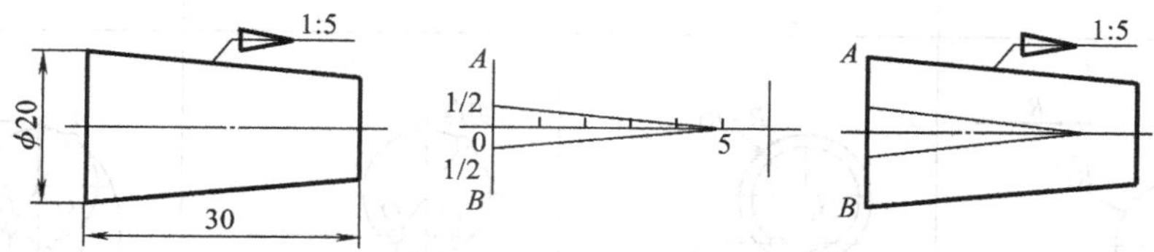

图 2-12　锥度的画法

4. 圆弧连接

圆弧连接的实质是圆弧与圆弧或圆弧与直线间的相切关系，作图的关键是找出连接圆弧的圆心和连接点(即切点)。表 2-1 列出了连接弧圆心和切点的基本原理，各种圆弧连接的作图方法如表 2-2 所示。

表 2-1　圆弧连接的原理与作图方法

类别	与定直线相切的圆心轨迹	与定圆外切的圆心轨迹	与定圆内相切的圆心轨迹
图例	连接圆弧　圆心轨迹　R　O　O′　T　T　已知直线　连接点（切点）	连接圆弧　R　O　圆心轨迹　T　已知圆弧　R_1+R　R_1　O′　T　O_1　连接点（切点）	T　已知圆弧　R　O　圆心轨迹　连接圆弧　R_1　R_1-R　O′　T　O_1　连接点（切点）
连接弧圆心的轨迹及切点位置	半径为 R 的连接圆弧与已知直线连接(相切)时，连接弧圆心 O 的轨迹是与直线相距为 R 且平行直线的直线；切点为连接弧圆心向已知直线所作垂线的垂足 T	当一个半径为 R 的连接圆弧与已知圆弧(半径为 R_1)外切时，则连接圆弧圆心的轨迹是已知圆弧的同心圆弧，其半径为 R_1+R；切点为两圆心的连线与已知圆的交点 T	当一个半径为 R 的连接圆弧与已知圆弧(半径为 R_1)内切时，则连接圆弧圆心的轨迹是已知圆弧的同心圆弧，其半径为 R_1-R；切点为两圆心的连线与已知圆的交点 T

表 2-2　各种圆弧连接作图方法举例

已知条件		作图方法和步骤		
		1. 求连接弧圆心 O	2. 求切点 A、B	3. 画连接弧并描粗
圆弧连接两已知直线	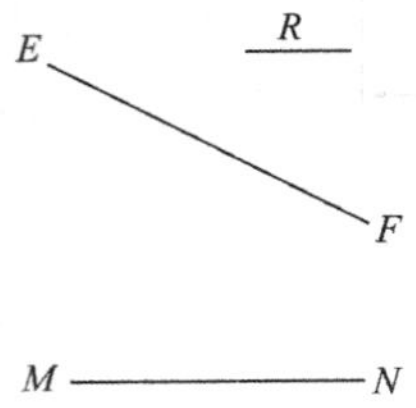	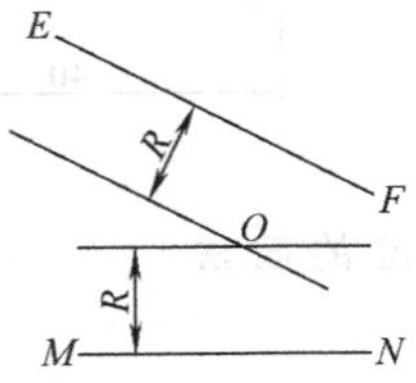	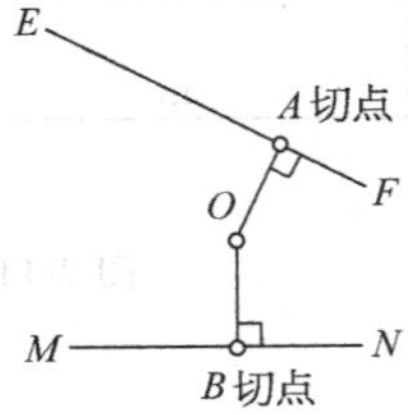	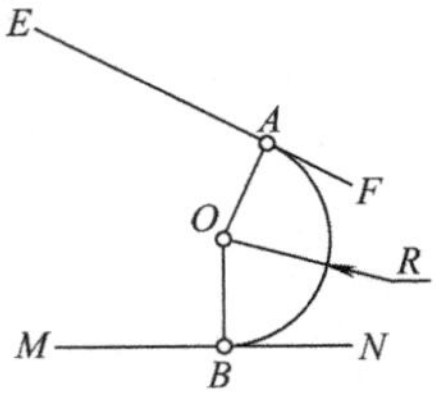
圆弧连接已知直线和圆弧	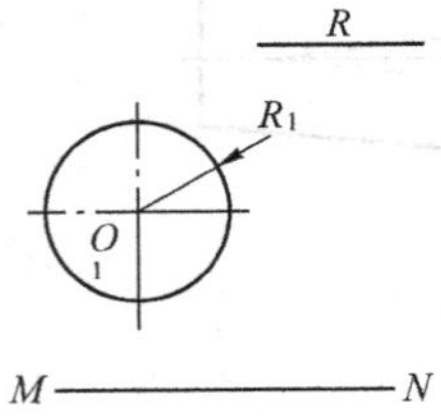	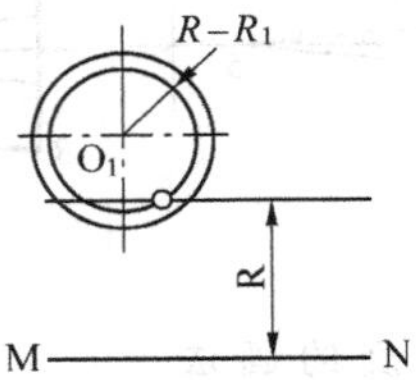	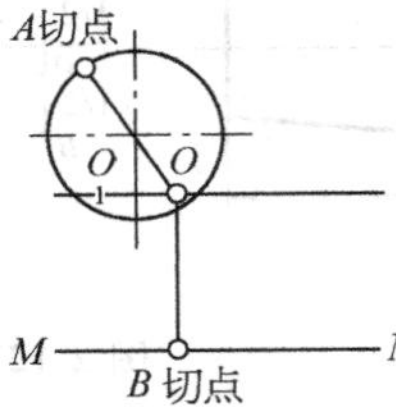	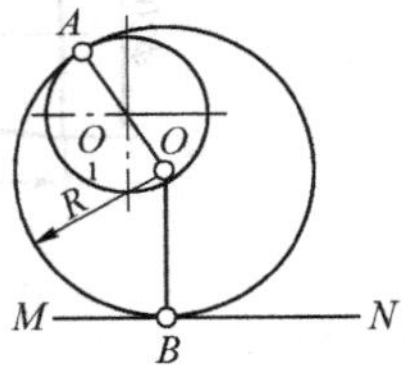
圆弧外切连接两已知圆弧	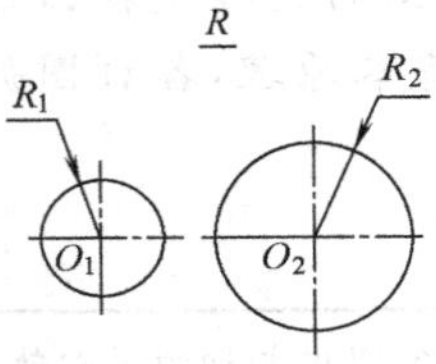	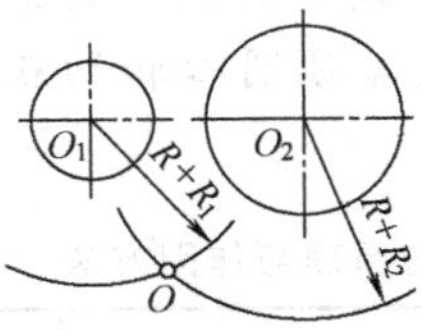	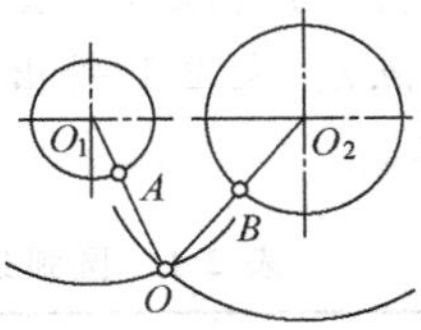	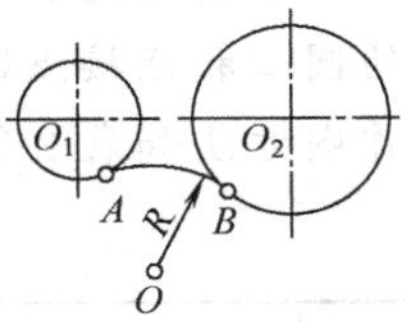
圆弧内切连接两已知圆弧	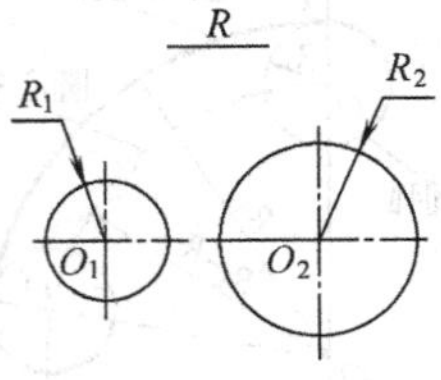	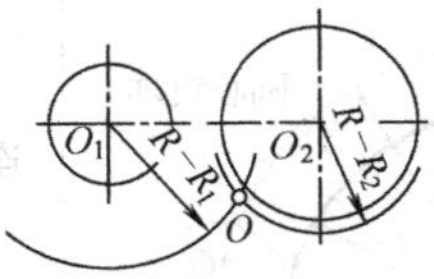	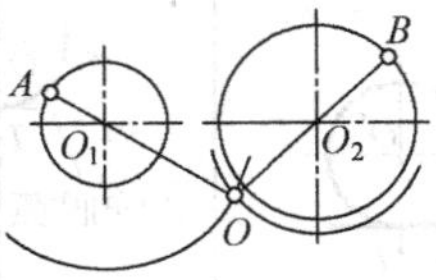	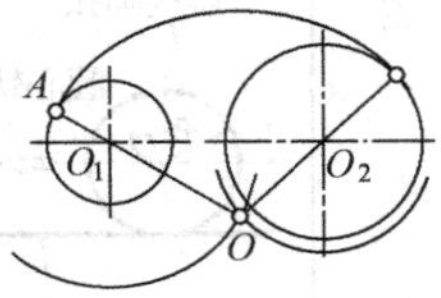

由表 2-2 可知，圆弧连接的作图步骤为：

- 求出连接弧的圆心；
- 定出切点的位置；
- 准确地画出连接圆弧。

圆弧连接中，按已知条件可以直接作图的线段为已知线段，需要根据与已知线段的连接关系才会作出的圆弧称为连接圆弧。

三、认识三视图的形成(GB/T 17451—1998)

设立三个互相垂直的投影平面，这三个平面将空间分为八个分角，如图 2-13a 所示。目前国际上使用着两种投影面体系，即第一分角和第三分角。我国采用的是如图 2-13b 所示的第一分角画法。

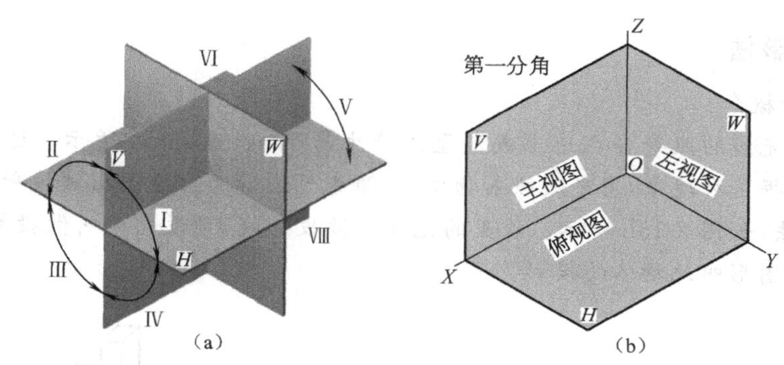

图 2-13　八个分角和第一分角

第一角三个投影面两两垂直相交，得三个投影轴分别为 OX、OY 和 OZ，其交点 O 为原点，如图 2-13b 所示。

把物体放在第一分角，如图 2-14a 所示，为了便于画图和看图，通常要将物体正放(即与投影面平行或垂直)，尽量使物体的表面或对称平面或回转体轴相对于投影面处于特殊位置，并将 OX、OY 和 OZ 轴的方向分别设为物体的长度方向、宽度方向和高度方向。正立投影面简称正面，用 V 表示，物体在 V 面上的正投影图称为主视图。水平投影面简称水平面，用 H 表示，物体在 H 面上的正投影图称为俯视图。侧立投影面简称侧面，用 W 表示，物体在 W 面上的正投影图称为左视图。

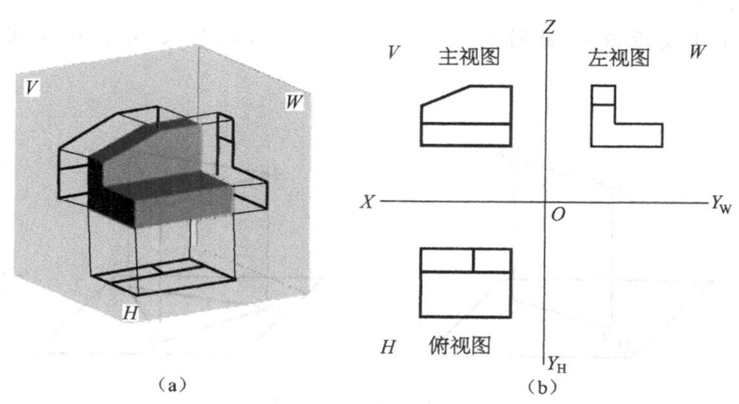

图 2-14　三 视 图 形 成

画投影图时需要将三个投影面展开到同一个平面上，展开的方法是 V 面不动，H 面绕

OX 轴向下转 90°，W 面绕 OZ 轴向后转 90°，这样 V、H 和 W 三个投影面就在同一平面上，在 H 和 W 面的转换中 Y 轴分成两条，记做 Y_H 和 Y_W。由投影面的展开规则可知，主视图不动，俯视图在主视图正下方，左视图在主视图正右方，如图 2-14b 所示。按此规定配置时，不必标注视图名称。画图时可去掉投影面边框。

知识点 正投影法

1. 正投影概念

物体受到光线的照射会在地上或墙壁上产生影子，如图 2-15a 所示。这就是生活中的投影现象。根据这种现象，用光线照射物体，在事先预设的面上绘制出被投射物体图形的方法，叫做投影法，如图 2-15b 所示。这里的光线叫做投射线，预设的面叫做投影面，而投影面上所得物体的图形叫此物体的投影。

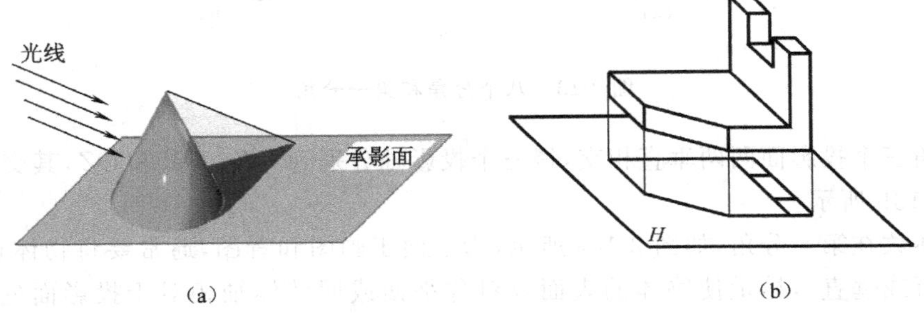

(a) (b)

图 2-15 投影法概念

所有的投射线相互平行且垂直于投影面的投影方法称为正投影。工业生产中的图样是依据正投影法进行绘制的。

2. 正投影特性

(1) 真实性：当线段或平面图形平行于投影面时，投影反映实长或实形，如图 2-16 所示。

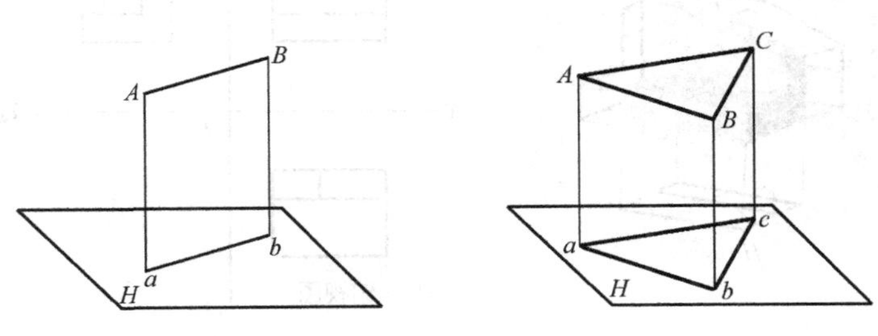

图 2-16 真 实 性

(2) 积聚性：当线段或平面图形垂直于投影面(即平行于投射线)时，线段的投影为一点，平面的投影为直线，如图 2-17 所示。

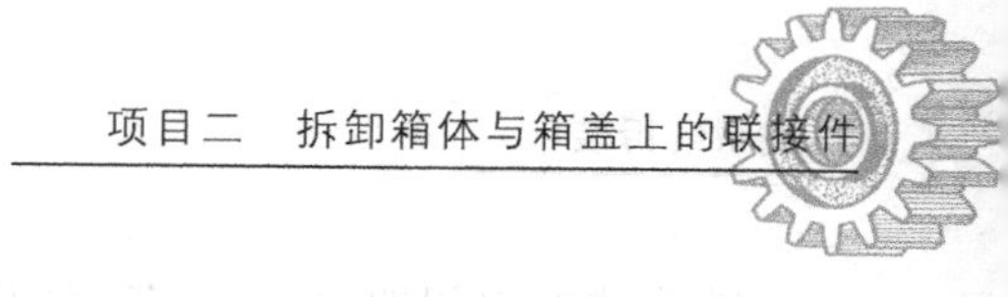

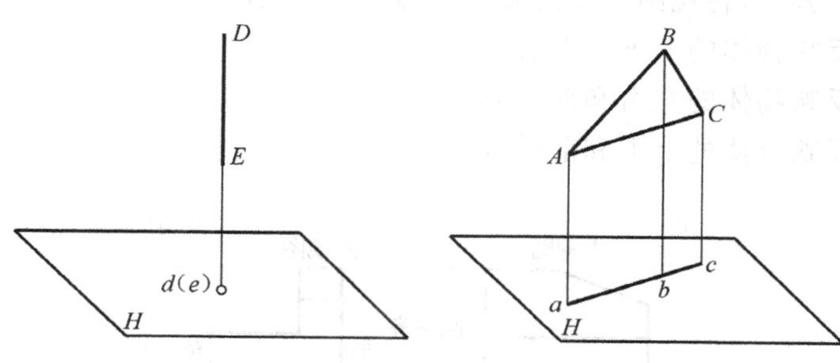

图 2-17　积　聚　性

(3) 类似性：当线段或平面图形既不平行于投影面，也不垂直于投影面时，线段的投影仍然是线段，但比实长要短。平面图形的投影仍然是平面图形，只不过与原图形类似，如图 2-18 所示。

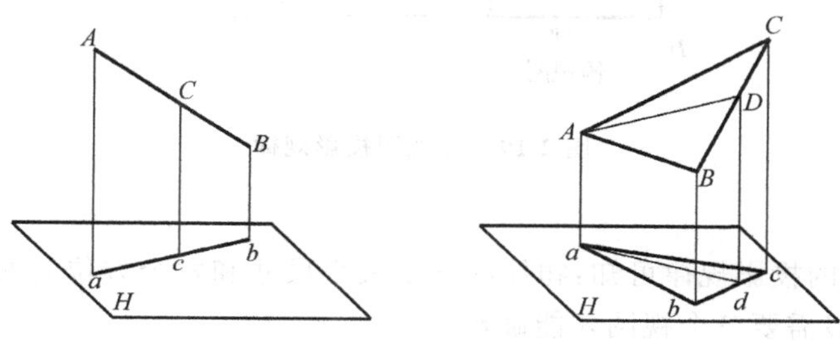

图 2-18　类　似　性

可见，正投影法会准确地表达物体的形状，而且度量性好，作图方便，所以工程上得到广泛应用。

四、认识三视图投影原理及规律

1. 三视图之间的度量对应关系

每一个视图只会反映物体三个方向尺寸中的两个尺寸：主视图反映物体的长度方向和高度方向尺寸；俯视图反映物体的长度方向和宽度方向尺寸；左视图反映物体的宽度方向和高度方向尺寸。

- 主视图、俯视图长对正，两者都反映了物体的长度方向尺寸；
- 主视图、左视图高平齐，两者都反映了物体的高度方向尺寸；
- 俯视图、左视图宽相等，两者都反映了物体的宽度方向尺寸；

长对正、高平齐和宽相等统称为三视图间的三等关系，如图 2-19 所示。值得注意的是不论是视图的总体还是局部都应满足上述三等关系。

2. 三视图与物体方位的对应关系

物体有上、下、左、右、前、后六个方位，左右为长、上下为高、前后为宽。每个视图只能反映物体的空间四个方位，各视图反映的方位如图 2-19 所示。

- 主视图能反映物体的上下和左右方位；
- 俯视图能反映物体的左右和前后方位；
- 左视图能反映物体的上下和前后方位；

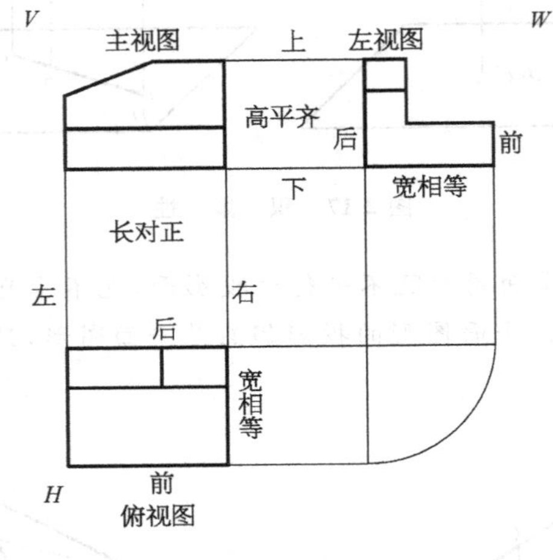

图 2-19　三视图投影规律

由于三视图的投影规律可知：物体的三个大小尺寸和六个方位有两个视图就能确定，而物体的形状，一般需要三个视图才能确定。

五、认识螺纹与螺纹的结构要素

观察孔盖板上螺钉孔，这些孔内表面上沿着螺旋线所形成的、具有规定牙型的、连续凸起和沟槽称为螺纹。这些螺纹在圆柱（或圆锥）内表面上形成，称为内螺纹，在圆柱（或圆锥）外表面上形成，称为外螺纹，如螺钉上的螺纹，内、外螺纹旋合，配合使用。

1. 牙型

螺纹轴向断面的轮廓形状，称为螺纹的牙型。螺钉、螺钉孔上的螺纹为三角形牙型，如图 2-20 所示。

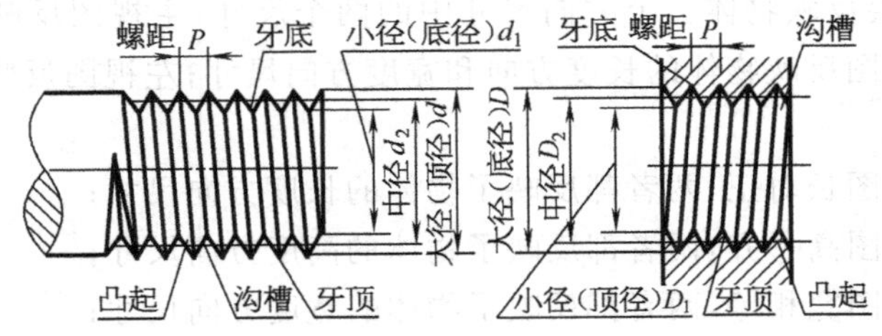

图 2-20　螺纹的结构要素

2. 直径

如图 2-20 所示，螺纹有多个直径。

• 大径——与外螺纹牙顶或内螺纹牙底相切的假想圆柱的直径，代号为 D（内螺纹）和 d（外螺纹）；

• 小径——与外螺纹牙底或内螺纹牙顶相切的假想圆柱的直径，代号为 D_1（内螺纹）和 d_1（外螺纹）；

• 中径——通过牙型上沟槽和凸起宽度相等处的一个假想圆柱的直径，代号为 D_2（内螺纹）和 d_2（外螺纹）；

• 公称直径——代表螺纹尺寸的直径，指螺纹的大径。

3．线数（n）

观察螺栓、螺母上的螺纹起始处槽口螺旋线，沿一条螺旋线形成螺纹称为单线螺纹；沿两条螺旋线形成的螺纹称为双线螺纹；沿两条及其以上螺旋线形成的螺纹称为多线螺纹。

4．螺距（P）和导程（P_h）

螺纹相邻两牙在中径线上对应点的轴向距离称为螺距。同一条螺旋线上的相邻两牙在中径线上对应两点间的轴向距离称为导程。单线螺纹的导程等于螺距（$P_h=P$）。螺纹线数、导程与螺距的关系见图 2-21。

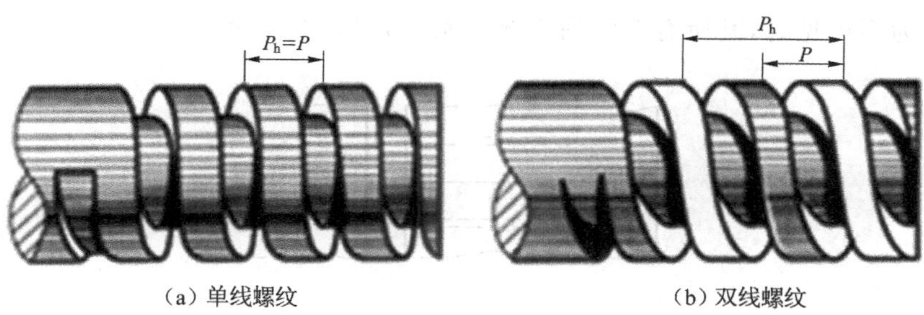

（a）单线螺纹　　（b）双线螺纹

图 2-21　螺纹线数、导程与螺距

5．旋向

旋合螺栓螺母，沿旋进方向观察发现，顺时针旋转时旋入的螺纹为右旋螺纹，逆时针旋转时旋入的螺纹为左旋螺纹。也可观察螺纹螺旋线的旋向，见图 2-22。右旋螺纹为常用的螺纹。

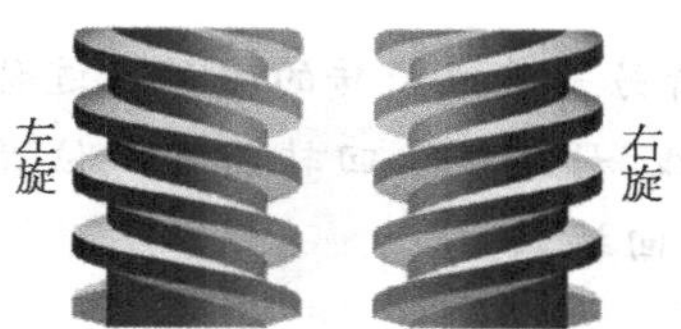

图 2-22　螺纹旋向

外螺纹和内螺纹成对使用，但只有当上述五个要素完全相同时，才能旋合在一起。

六、识读螺纹规定画法（GB/T 4459.1—1995）

螺纹的画法、标记是按国家标准规定的。按此法作图并加以标注，就能清楚地表示螺纹的类型、规格和尺寸。

1. 内螺纹画法

内螺纹一般用剖视图表达，如图 2-23 所示。内螺纹不论其牙型如何，在剖视图中，小径画粗实线，大径画细实线，尺寸可近似地取 $D_1 \approx 0.85D$，螺纹的终止界线(终止线)画粗实线。在投影为非圆视图上，剖面线应画到表示小径的粗实线为止。在投影为圆的视图中，表示大径的细实线只画约 3/4 圈(空出的 1/4 圈的位置不作规定)，此时螺孔上的倒角圆投影不画。绘制不穿通的螺孔时，一般应将钻孔深度与螺纹部分的深度分别画出，螺纹终止线到孔的末端的距离可取 0.5d 绘制，锥角画成 120°，如图 2-23b 所示。

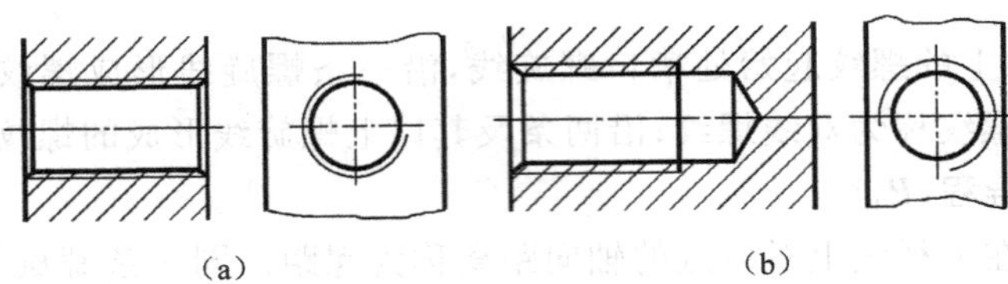

图 2-23　内螺纹画法(一)

当螺纹为不可见时，其所有图线用虚线绘制，如图 2-24 所示。

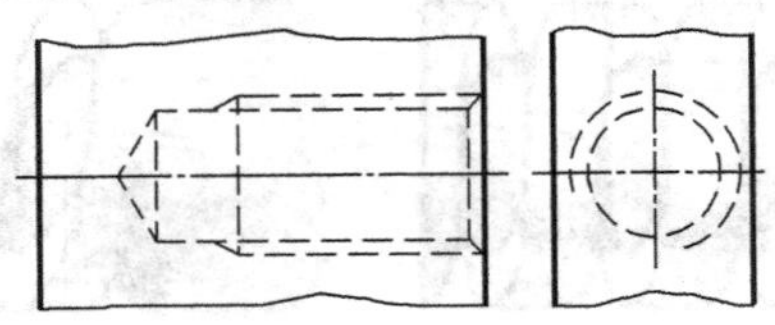

图 2-24　内螺纹画法(二)

知识点 回转体三视图的画法

1. 回转体的概念

如图 2-25 所示，一条线绕着另一条线旋转的运动轨迹称为回转面，不动的线称为轴线，运动的线(直线或曲线)称为母线，母线位于回转面任一位置时的线称为素线。若组成立体的曲面为回转面，则该立体称为回转体。

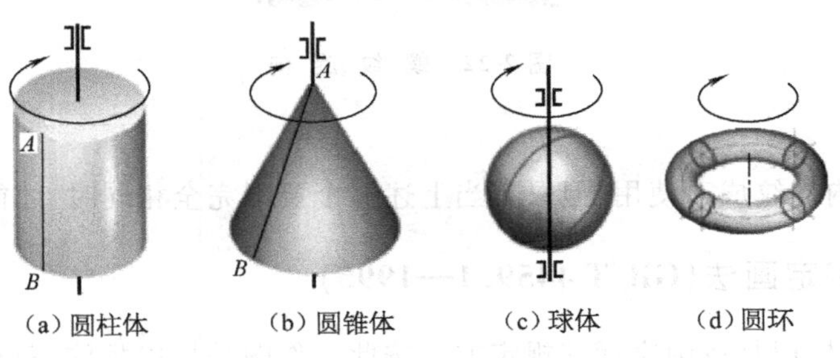

图 2-25　回　转　体

回转体的共同特点是：都有一轴线。由于母线上每一点的轨迹均为圆（圆弧），因此当用一垂直于轴线的平面截切回转面时，切口的形状为一圆（圆弧）。常见的曲面立体有圆柱体、圆锥体、球体、圆环等，见图 2-25。

2. 回转体三视图的画法

画回转体三视图，在为圆的视图中要过圆心画两条相互垂直的对称中心线，在非圆视图中画出轴线。回转体三视图的画法见表 2-3。

表 2-3　回转体三视图画法

名称	立体图	投影图	投影特点
圆柱	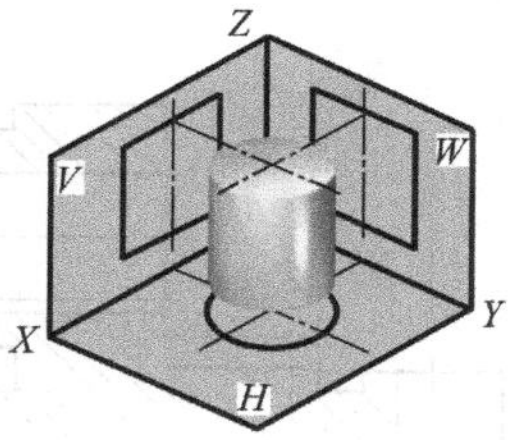	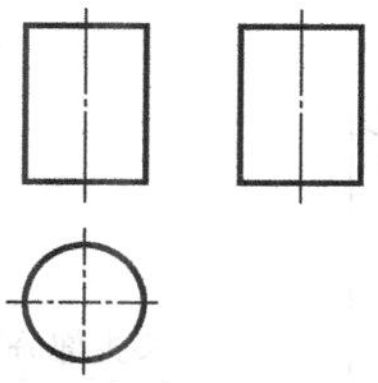	上下底为水平面，其 H 面投影反映实形，V、W 面投影积聚为直线；圆柱面上所有的素线都是铅垂线，圆柱面的 H 面投影积聚为一圆，其 V、W 面投影为矩形线框，圆柱表面上最左和最右的两条素线、最前和最后两条素线分别为外形轮廓线
圆锥	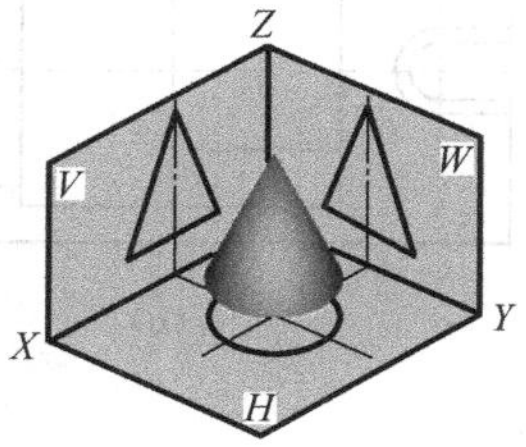	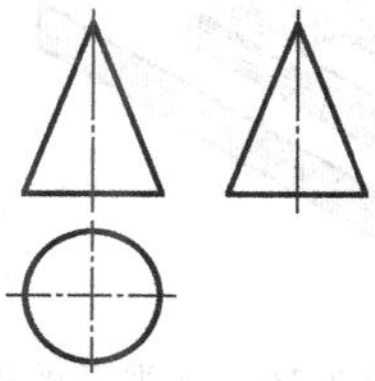	底面为水平面，其 H 面投影反映实形，V、W 面投影积聚为直线；圆锥面的 H 面投影被重合于圆上，其 V、W 面投影形成两等腰三角形。圆锥表面上最左和最右的两条素线、最前和最后两条素线分别为外形轮廓线
球体	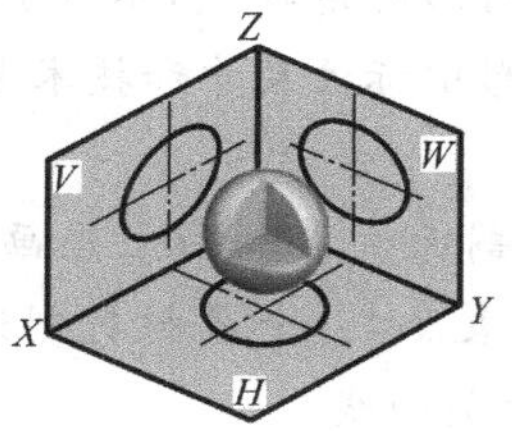	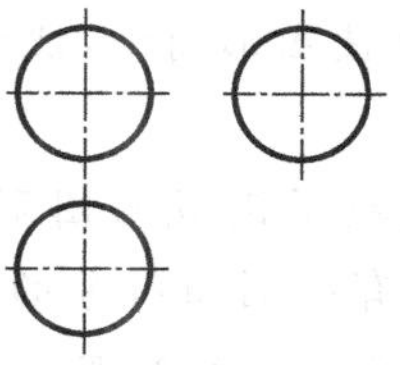	球体的三视图为等直径的三个圆
环	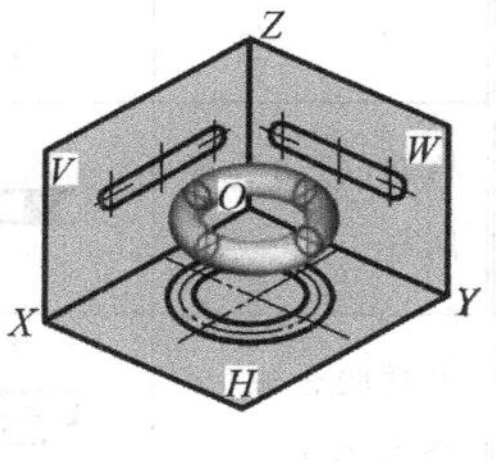	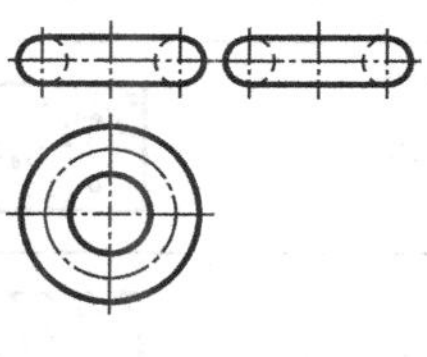	一视图为两同心圆

知识点 剖视图

1. 剖视图的定义

机件上不可见轮廓在视图上为虚线，给识图带来了困难，为使原来在视图中不可见的部分转化为可见的，假想用剖切面剖开零件，移去观察者与剖切面之间的部分，将留下剩余部分向选定的投影面投射，所得的图形称为剖视图，如图 2-26a 所示。由于画剖视图的目的在于清楚地表达机件的内部结构，因此，应尽量使剖切平面通过内部结构比较复杂的部位（如孔、沟槽）的对称平面或轴线。

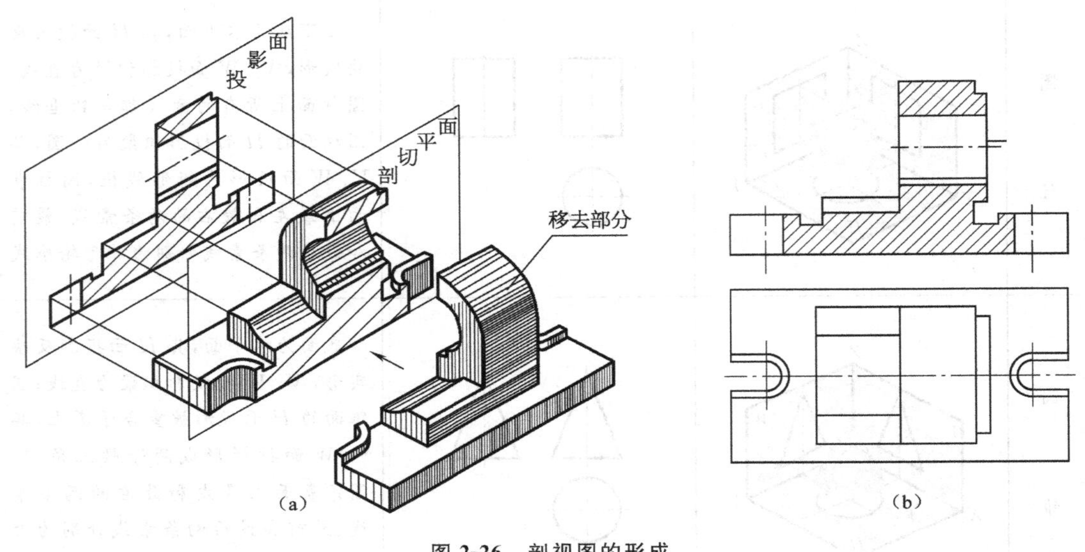

图 2-26 剖视图的形成

剖视图把视图中不可见的部分转化为可见的，提高了图形的清晰度，不仅会把零件结构表达的层次分明，形状清晰，而且会使图形简洁，便于在图形中标注尺寸和技术要求。

2. 剖视图的画法

剖切平面与机件内、外表面的交线所围成的图形，称为剖面。在剖面上应画出剖面符号。不同的材料有不同的剖面符号，有关剖面符号的规定见表 2-4。金属材料制造的机件，其剖面符号画成与水平线成 45°且间距相等的细实线，也称为剖面线。

表 2-4 各种材料剖面符号的规定

材 料	剖面符号	材 料	剖面符号	材 料	剖面符号
金属材料（已有规定者除外）		混凝土		格网（筛网过滤网等）	
线圈绕组元件		钢筋混凝土		木质胶合板（不分层数）	

（续表）

材　　料	剖面符号	材　　料	剖面符号	材　　料	剖面符号
转子、电枢、变压器和电抗器等的叠钢片		砖		玻璃及供观察用的其他透明材料	
非金属材料(已有规定者除外)		木材纵剖面		基础周围的泥土	

因为剖切是假想的，并不是真的把工件切开并拿走一部分。因此，当一个视图作剖视后，其余视图应按完整机件画出，如图 2-26b 所示。

2．外螺纹画法

如图 2-27 所示，外螺纹不论其牙型如何，螺纹大径用粗实线，小径用细实线，尺寸可近似地取 $d_1 \approx 0.85d$。在投影为非圆视图上，小径在螺杆的倒角或倒圆部分也应画出，螺纹的终止界线(简称螺纹终止线)画粗实线；在投影为圆的视图上，小径细实线只画约 3/4 圈(空出约 1/4 圈的位置不作规定)，此时螺杆上的倒角圆投影不画。在剖视图中，螺纹终止线只画螺纹牙型高度的一小段，剖面线必须画到表示牙顶圆投影的粗实线为止，如图 2-27c 所示。

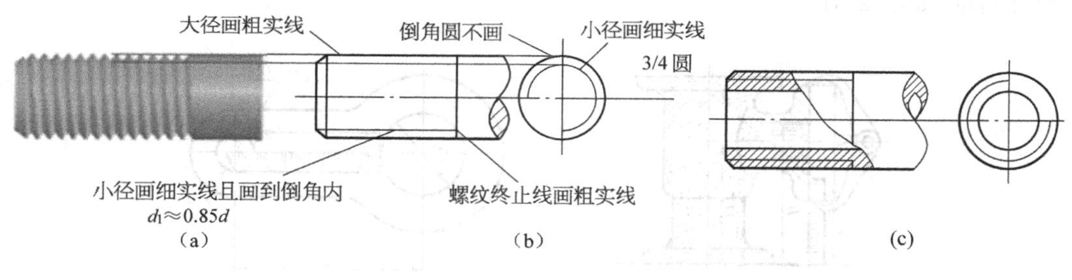

图 2-27　外螺纹画法

七、认识零件尺寸的测量方法

1．直线尺寸

一般用钢直尺直接测量，有时需辅以直角尺，见图 2-28。外形不平的尺寸，可用卡钳测量。外卡钳、内卡钳如图 2-29 所示，测量方法如图 2-30 所示。

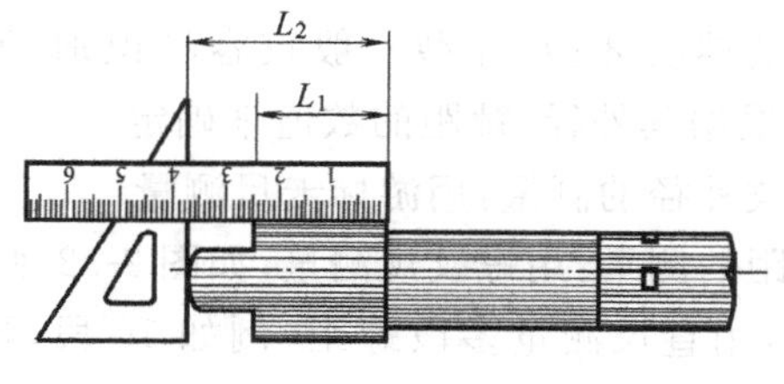

图 2-28　直线尺寸的测量

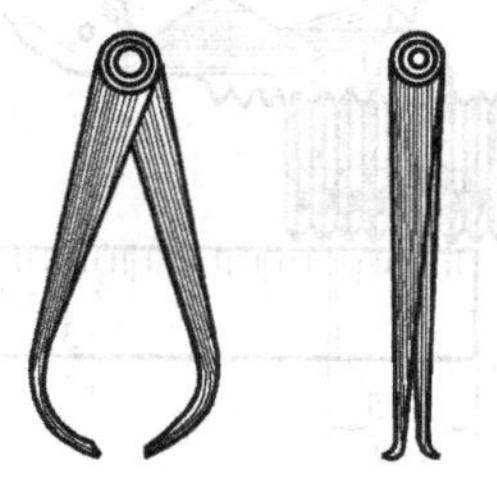

图 2-29　外卡钳、内卡钳

2. 直径的测量

用内、外卡钳或游标卡尺测量，如图 2-30 所示。

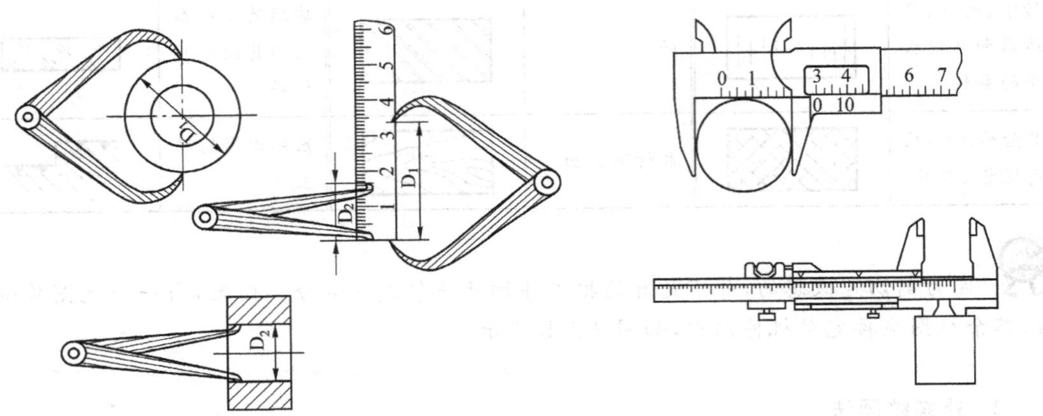

图 2-30　直径尺寸的测量

3. 圆孔中心距的测量

表面平整时可直接用钢直尺量取圆孔边缘对应点的距离。若中间有凸起则用内、外卡钳配合测量，如图 2-31。

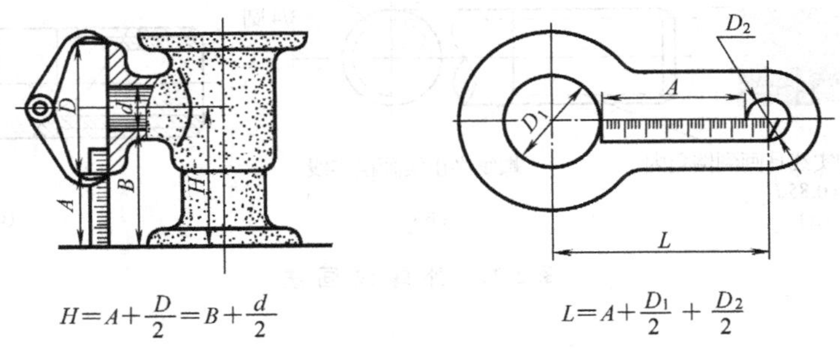

图 2-31　圆孔中心距的测量

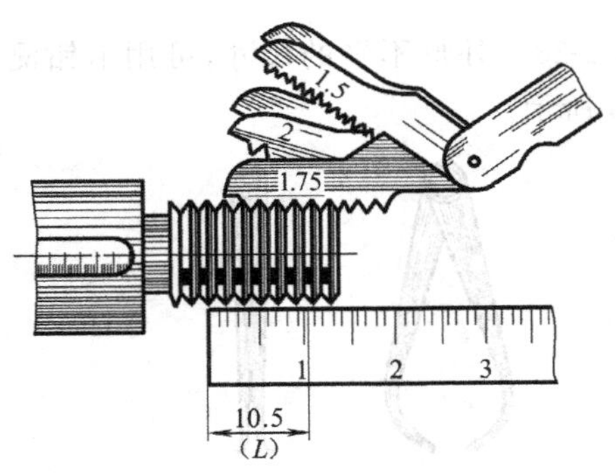

图 2-32　螺 纹 的 测 量

4. 螺纹的测量

螺纹的测量可用螺纹规、钢皮尺测量；螺纹规一套有两块，一块为米制，一块为英制，注意选取。

(1) 判别螺纹牙型：牙型一般较容易识别，但三角形螺纹需根据其外径、螺距的数值来确定。

(2) 螺纹外径的测量：用游标卡尺测量。

(3) 螺距的测量：用螺纹规测量，如图 2-32 所示，或用压印法，用直尺测量多段螺距（例如 10 段，再行整除）。

八、认识平面图形的画法

画图前要准备好绘图工具和仪器，按各种线型的要求削好铅笔和圆规中的铅芯，并备好图纸。画图步骤为：

1. 画底稿

• 选比例，定图幅：根据所画图形的大小，选取合适的画图比例和图纸幅面；

• 固定图纸：将选好的图纸用胶带纸固定在图板上。固定时，应使图纸的水平边与丁字尺的工作边平行，图纸的下边与图板底边的距离要大于一个丁字尺的宽度；

• 画图框及标题栏：按国家标准所规定的幅面、周边尺寸和标题栏位置，先用细实线画出纸边界线、图框及标题栏。标题栏可采用如图 1-15 所示的格式；

• 布置图形的位置：图形在图纸上布置的位置要力求匀称，不宜偏置或过于集中在某一角。根据每个图形的长、宽尺寸，画出各图形的基准线，并考虑到有足够的图面注写尺寸和文字说明等；

• 画底稿图：先由定位尺寸画出图形的所有基准线，再按定形尺寸画出主要轮廓线，然后再画细节部分。画底稿图时，宜用较硬的铅笔(2H 或 H)。底稿线应画得轻、细、准，以便于擦拭和修改。

主视图是一组图形的核心。选择主视图时，应使主视图的投影方向能够反映出零件的形状特征。为了作图方便，应使立体上更多的面平行于投影面。

2. 铅笔加深图线

加深图线前要仔细校对底稿，修正错误，擦去多余的图线或污迹，保证线型符合国家标准的规定。加深不同类型的图线，应选用不同型号的铅笔。加深图线一般可按下列顺序进行：

• 不同线型，先粗、实，后细、虚；

• 有圆有直，先圆后直；

• 多条水平线，先上后下；

• 多条垂直线，先左后右；

• 多个同心圆，先小后大；

• 最后加深斜线、图框和标题栏。

3. 标注尺寸

图形加深后，应将尺寸界线、尺寸线和箭头都一次性地画出，最后注写尺寸数字及符号等。注意标注尺寸要正确、清晰，符合国家标准的要求。

4. 填写标题栏及其他必要的文字说明

按要求填写。

5. 检查整理

待绘图工作全部完成后，经仔细检查，确无错漏，最后在标题栏“制图”一格内签上姓名和绘图日期。

机件的轮廓一般都是由直线、圆、圆弧或其他曲线组合，因此，熟练地掌握它们的基本作图方法，是绘制机械图形的基础。

活动 2　识读螺纹联接规定画法

拔下上下箱之间的定位销钉，用扳手拆下上下箱体联接螺栓。观察螺栓、螺母、定位销、观察孔盖上的螺钉等螺纹联接件结构，识读螺纹联接、销联接规定画法。

一、认识活动扳手的用法

通常按如下方法使用扳手：

(1) 根据螺母或螺栓头部尺寸，旋转调节螺杆，将活动钳口开口调整到比螺母或螺栓头部对边尺寸稍大的开度(图 2-33a)。

(2) 将扳手钳口套在螺栓头部或螺母上，顺时针或逆时针旋转扳手手柄，即可松开或拧紧螺栓(或螺母)如图 2-33b 所示。

扳手工作时应使扳手活动钳口承受推力，固定钳口承拉力，并且用力均匀。扳手手柄不能用套管任意加长(图 2-33c)。

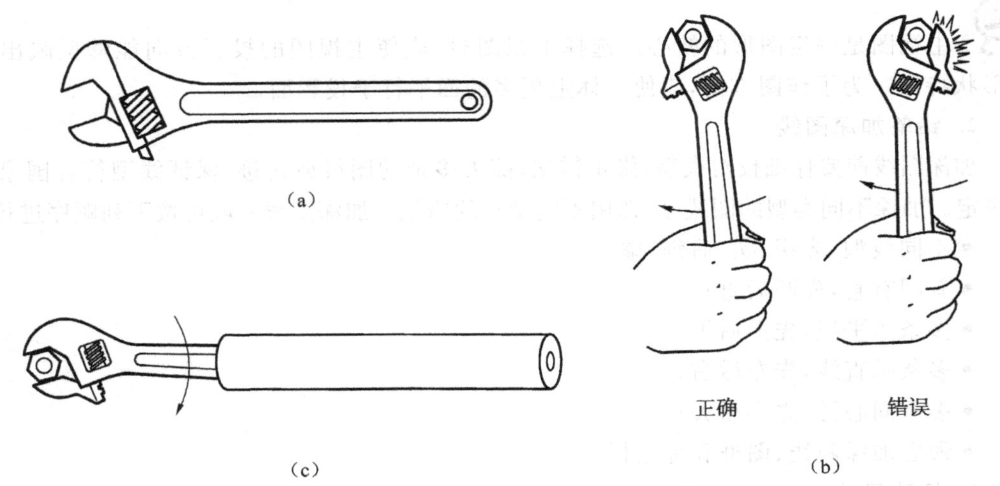

图 2-33　扳手的使用

二、认识常用螺纹联接件

观察减速器装配体上所用的螺纹联接件螺栓、螺母、螺钉，如图 2-34 所示。

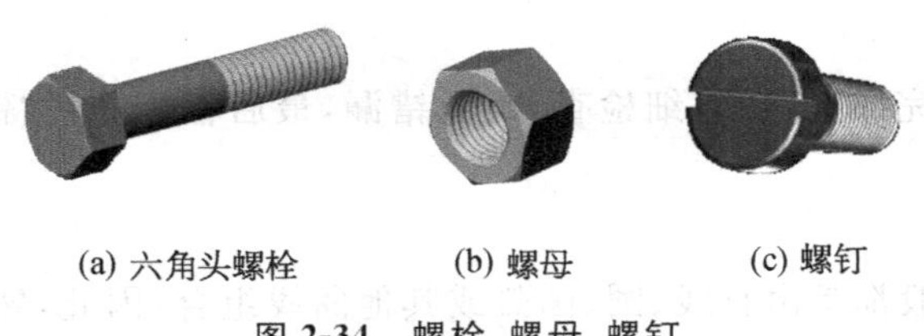

图 2-34　螺栓、螺母、螺钉

知识点 常用的螺纹联接件

常用的螺纹联接件有螺栓、螺母、螺柱、螺钉等，如图 2-35 所示。

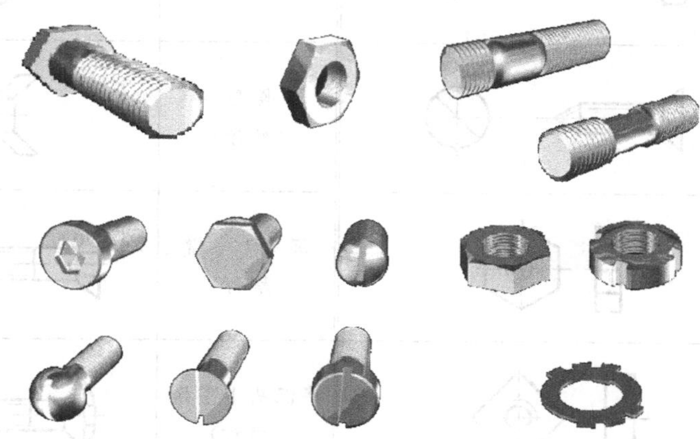

图 2-35　常用的螺纹联接件

三、识读螺纹联接件的画法

螺纹联接件是标准件，一般无须单独画零件图。螺栓、螺母的视图，可按有关标准表中查得各有关尺寸后作图，如图 2-36 所示。

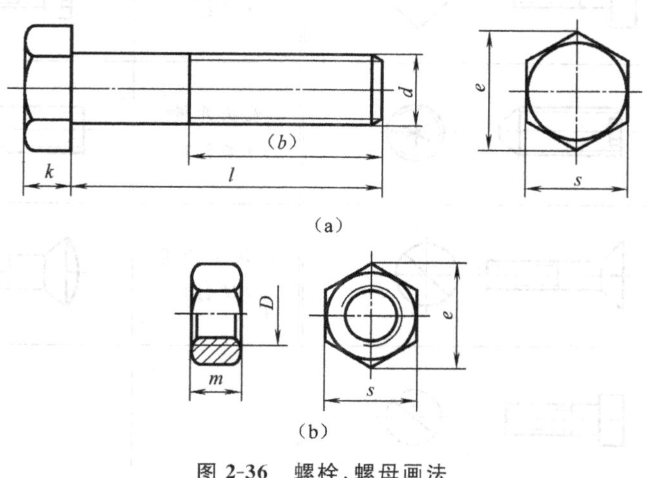

图 2-36　螺栓、螺母画法

知识点 常用螺纹联接件的简化画法

常用螺纹联接件的简化画法见表 2-5。

表 2-5 常用螺纹联接件的简化画法

形 式	简 化 画 法	形 式	简 化 画 法
盘头开槽（螺钉）	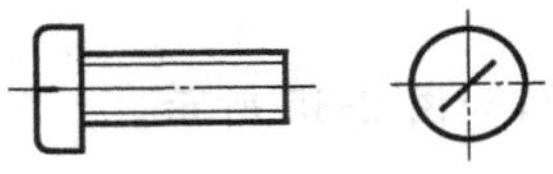	六角法兰面（螺母）	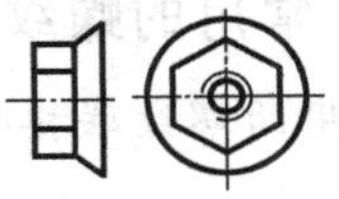
沉头开槽（螺钉）	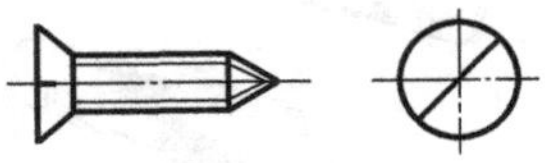	蝶形（螺母）	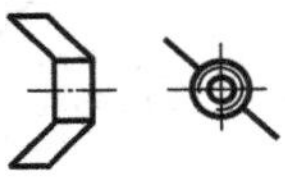
六角（螺母）	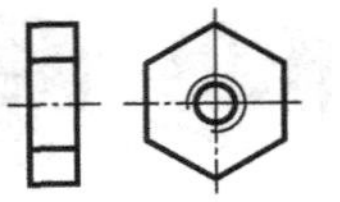	沉头十字槽（螺钉）	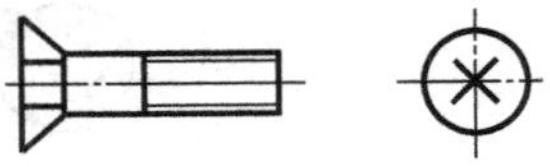
方头（螺母）	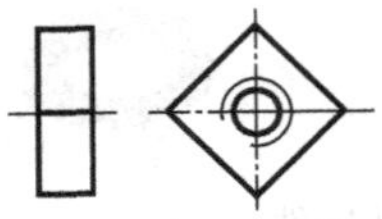	半沉头十字槽（螺钉）	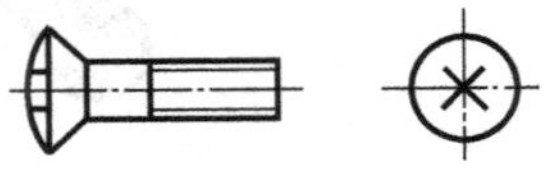
六角开槽（螺母）	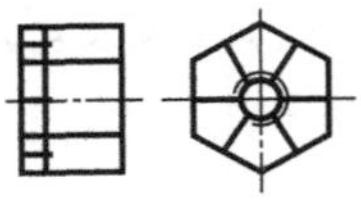	六角头（螺栓）	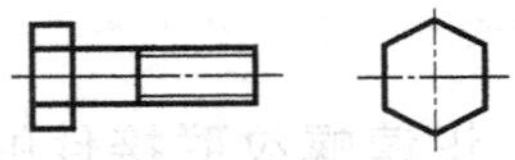
方头（螺栓）	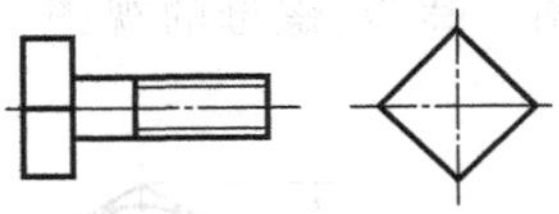	圆柱头内六角（螺钉）	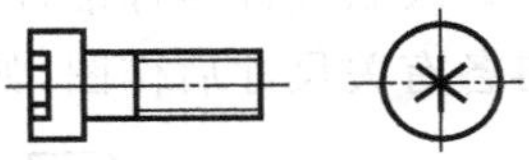
无头内六角（螺钉）	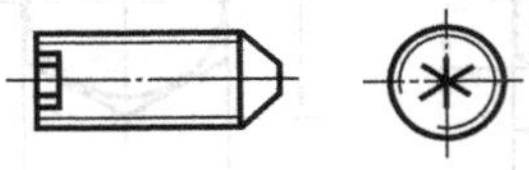	无头开槽（螺钉）	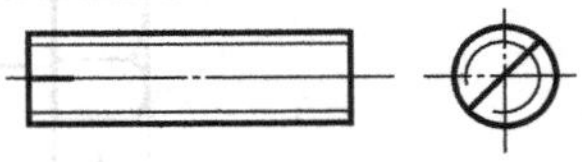
沉头开槽（螺钉）	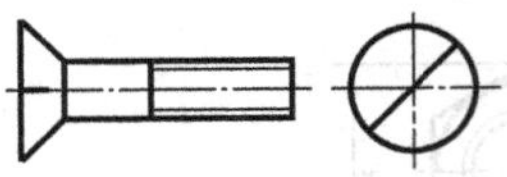	半沉头开槽（螺钉）	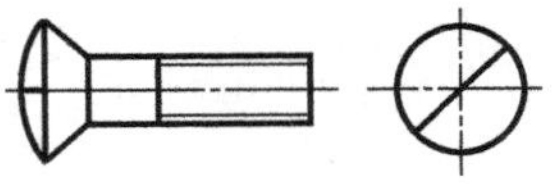
圆柱头开槽（螺钉）	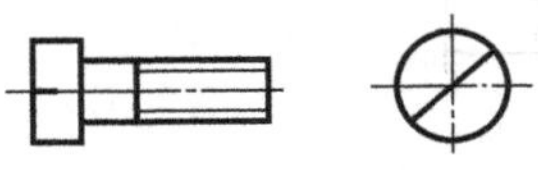		

四、识读内、外螺纹联接画法

内、外螺纹联接一般用剖视图表示。此时，它们的旋合部分应按外螺纹的画法绘制，其余部分仍按各自的画法表示，当实心螺杆通过轴线剖切时按不剖处理，如图 2-37 所示。

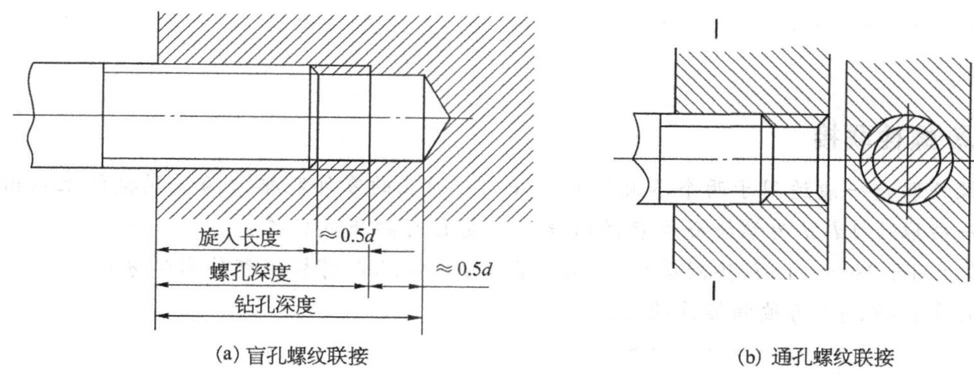

(a) 盲孔螺纹联接　　　(b) 通孔螺纹联接

图 2-37　内、外螺纹的联接

表示外螺纹大径的粗实线、小径的细实线，必须分别与表示内螺纹大径的细实线、小径的粗实线对齐。

五、识读螺纹联接件联接的画法

螺纹紧固件的联接形式通常有螺栓联接，螺柱联接和螺钉联接三类。

1. 螺栓联接

螺栓联接如图 2-38 所示，其联接画法如图 2-39 所示：两被联接件的剖面线方向相反，两被联接件接触面画一条轮廓线，螺栓、垫圈、螺母按不剖画，螺栓的螺纹大径和被联接件光孔画两条轮廓线，零件接触面轮廓线画到螺栓杆身，螺栓端部应超出螺母约 0.3d，螺栓上螺纹终止线高于接触面轮廓线。

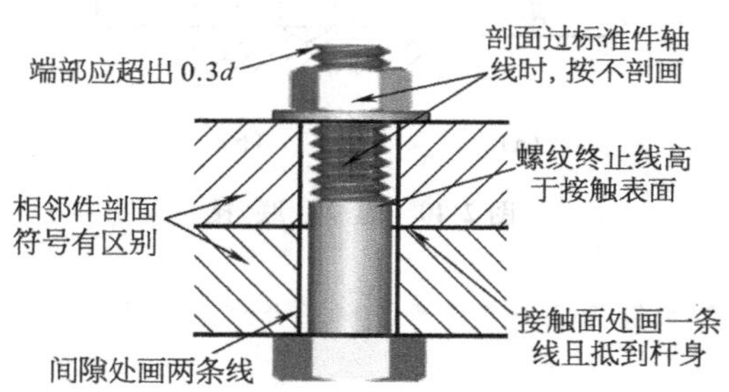

图 2-38　螺 栓 联 接

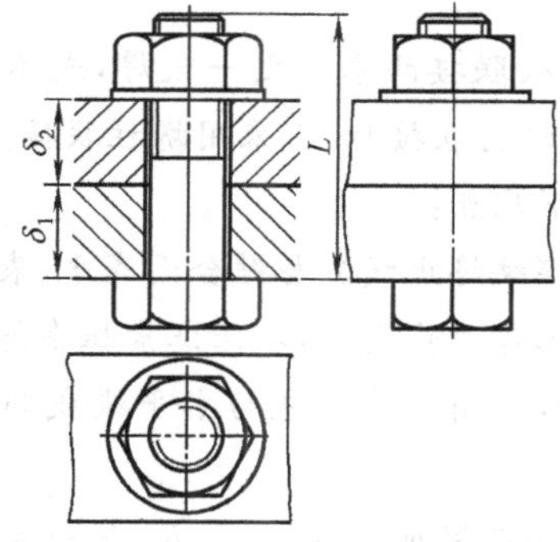

图 2-39　螺栓联接画法

知识点 螺栓联接

螺栓联接一般适用于两个不太厚并允许钻成通孔的零件联接。两被联接件上钻出通孔直径一般取 1.1d(d 为螺栓公称直径),螺栓长度 L 可按下式估算:

$L=\delta1+\delta2+0.15d$(垫圈厚)$+0.8d$(螺母厚)$+0.3d$(螺栓端部伸出部分)

式中:$\delta1$、$\delta2$ 为被联接件的厚度。

2. 螺柱联接

螺柱联接如图 2-40a 所示,其联接画法如图 2-40b 所示。螺柱的旋入端必须全部地旋入螺孔内,旋入端的螺纹终止线应与两被联接件的接触面平齐,螺纹孔的深度应大于旋入端长度。

螺柱的公称长度 L 可按下式估算:

$L=\delta+0.15d$(垫圈厚)$+0.8d$(螺母厚)$+0.3d$(螺栓端部伸出部分)

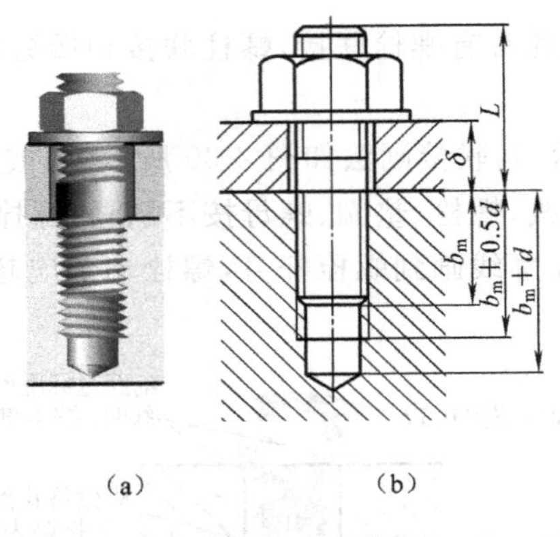

图 2-40　螺 柱 联 接

知识点 螺柱联接

螺柱的两端都制有螺纹。当被联接两零件之一较厚,或不允许钻成通孔而难以采用螺柱联接,或因拆装频繁,又不宜采用螺钉联接时,可采用螺柱联接。

画螺柱联接时,还应注意以下几点:

- 联接图中,螺柱旋入端的螺纹终止线应与结合面齐平,表示旋入端全部拧入,足够拧紧;
- 弹簧垫圈用作防松,外径比普通垫圈小,以保证紧压在螺母底面范围之内。弹簧垫圈开槽的方向应是阻止螺母运动方向,在图中应画成与水平线成 60°向左上倾斜的两条(或一条加粗线),两线间距为 0.1d;
- 螺孔深一般是 $b_m+0.5d$,钻孔深度取 b_m+d。b_m 是旋入深度,由被联接件的材料决定。

$b_m=1d$ (用于钢或青铜)

$b_m=1.25d$ 或 $b_m=1.5d$（用于铸铁）

$b_m=2d$（用于合金）

在装配图中，螺栓联接和螺柱联接提倡采用如图 2-41 所示的简化画法，将螺栓端部倒角及螺母、螺栓六角头部因倒角而产生的截交线省略不画，螺孔中钻孔深度也略去不画。

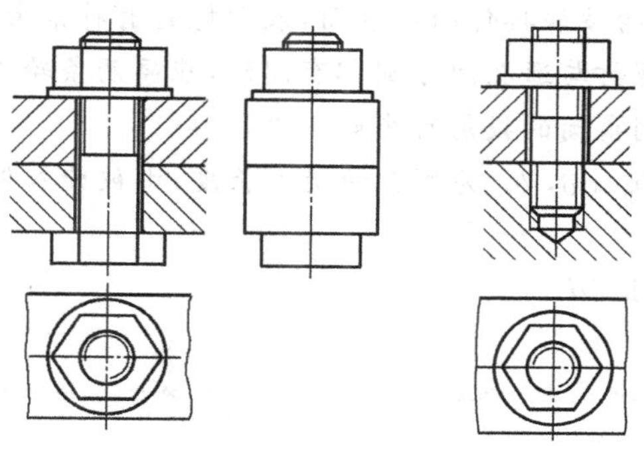

（a）螺栓联接简化画法　　（b）螺柱联接简化画法

图 2-41　螺栓联接、螺柱联接的简化画法

3. 螺钉联接

螺钉联接如图 2-42 所示。螺钉口的槽口在主视图被放正绘制（如果画左视也画在中间位置），在俯视图规定画成与水平线成 45°，不和主视图保持投影关系。当槽口的宽度小于 2mm 时，槽口投影可涂黑。若有螺纹终止线，则其应高于两被联接件接触面轮廓线。

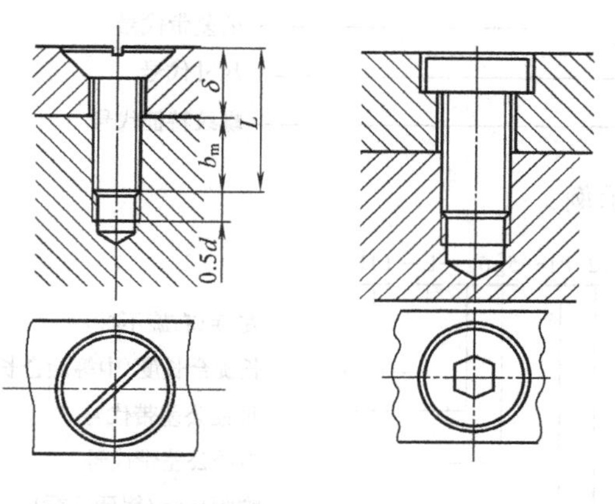

（a）开槽沉头螺钉联接　　（b）圆柱头内六角螺钉联接

图 2-42　螺钉联接

知识点 螺钉联接

螺钉联接一般用于受力不大又不需要经常拆卸的场合，螺钉联接不用螺母，一般也不用垫圈，而是把螺钉直接拧入被联接件。常见的联接螺钉有：开槽圆柱头螺钉、开槽沉头螺钉、圆柱头内六角螺钉等。

画内六角螺钉联接图时要注意以下几点：

- 螺纹终止线应高于两被联接件的接触面，表示螺钉有拧紧余地，以保证联接紧固；
- 螺钉头部与沉孔、螺钉与通孔间分别都有间隙，应画两条轮廓线。

在俯视图中，内六孔倒角圆的投影可省略不画。

- 螺钉公称长度 $L=b_m+\delta$，b_m 为螺钉的旋入长度，由被旋入件的材料决定：

钢：$b_m=d$

铸铁：$b_m=1.25d$ 或 $1.5d$

铝：$b_m=2d$

六、识读螺纹标记

普通螺纹的标记规定

普通螺纹的完整标记有：螺纹特征代号、尺寸代号、公差带代号、旋合长度代号和旋向代号构成。

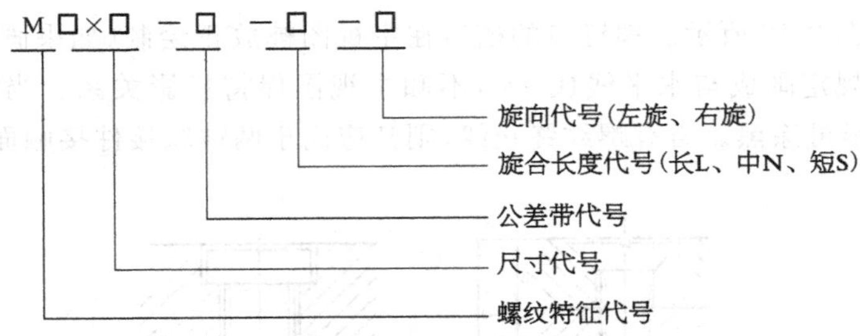

普通螺纹完整标记示例：

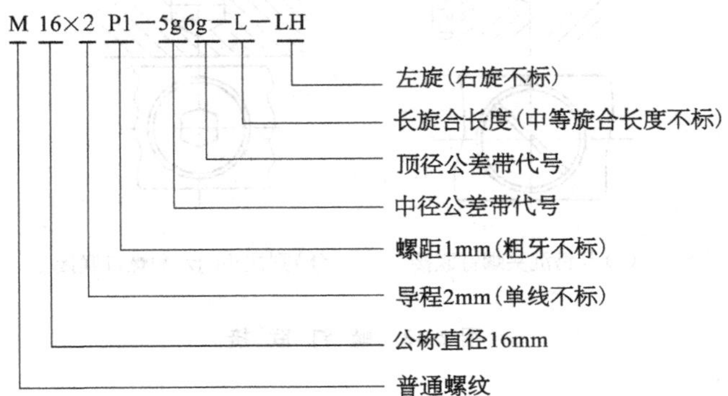

知识点 常用标准螺纹的标记

1. 常用标准螺纹的标记

常用标准螺纹的标记示例如表 2-6 所示。

表 2-6 常用标准螺纹的标记示例

序号	螺纹类别	螺纹牙型简图	特征代号	标记	说明
1	普通螺纹	60°	M	M10×1—5g6g—S—LH	普通细牙螺纹，公称直径为 10mm，螺距为 1mm，单线、短旋合长度、左旋螺纹
2	梯形螺纹	30°	Tr	Tr40×14(P7)LH—7e	公称直径为 40mm，导程为 14mm、螺距为 7mm 的左旋双线梯形螺纹，中径公差带代号为 7e
3	矩齿形螺纹	3° 30°	B	B40×14(P7)—8C—L	公称直径为 40mm，导程为 14mm、螺距为 7mm 的右旋、双线锯齿形螺纹，中径公差带代号为 8c，长旋合长度
4	非螺纹密封的管螺纹	60°	R R_P R_C	G1A	尺寸代号为 1，A 级右旋外螺纹
5	用螺纹密封的管螺纹	55°	G	G½—LH	尺寸代号为½，左旋内螺纹

注：1. 普通螺纹中径、顶径公差带代号相同时，只注一个。

2. 最常用的中等公差精度螺纹（公称直径≤1.4mm 的 5H、6h 和公称直径≥1.6mm 的 6H 和 6g）不标注公差带代号。

3. 代号 LH 的标注位置至今尚未统一。

4. 55°非螺纹密封的管螺纹，内螺纹只有一种，外螺纹公差等级分 A、B 两种。

2. 常用螺纹联接件的规定标记

常用螺纹联接件的规定标记如表 2-7 所示。

表 2-7 常用螺纹联接件的规定标记

名称	简图	标记	说明
六角头螺栓	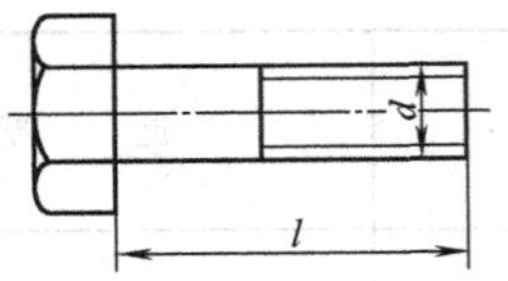	螺栓 GB/T 5780—2000 M16×80	螺纹规格 d＝M16、公称长度 l＝80mm、性能等级为 4.8 级、不经表面处理、杆身半螺纹、产品等级为 C 级的六角头螺栓
双头螺栓	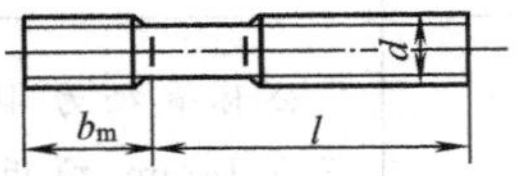	螺柱 GB/T 900—1988 M20×100	两端均为粗牙普通螺纹、d＝M20、l＝100mm、性能等级为 4.8 级、不经表面处理、B 型、b＝2d 的双头螺柱
六角螺母	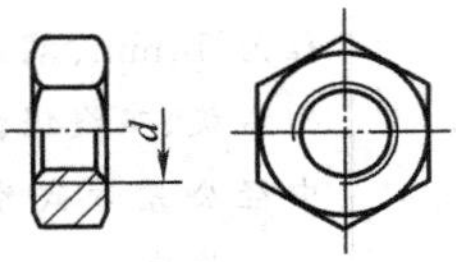	螺母 GB/T 41—2000 M20	螺纹规格 d＝M20、性能等级为 5 级、不经表面处理、产品等级为 C 级的六角螺母
垫圈	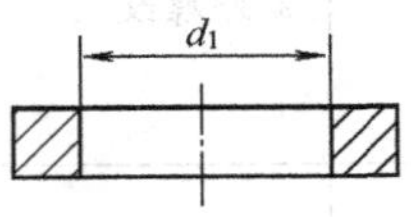	垫圈 GB/T 97.1—1985 M20	标准系列、规格 20mm、性能等级为 140HV、不经表面处理、产品等级为 A 级的平垫圈

七、识读螺纹的标注

由于各种螺纹画法都是相同的，国家标准规定标准螺纹用规定的标记，标注在螺纹的公称直径的尺寸线或其引出线上，以区别不同种类的螺纹。各种螺纹的标注方法示例如图 2-43 所示。

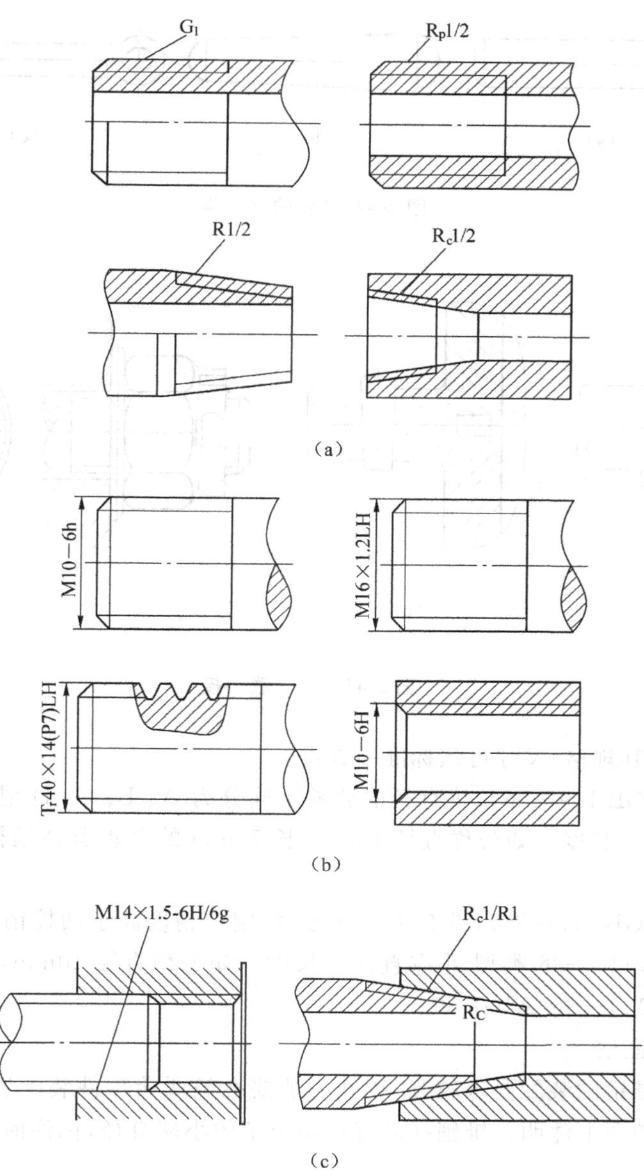

(a) 管螺纹　(b) 普通螺纹、梯形螺纹　(c) 螺纹联接时的标注

图 2-43　螺纹的标注

八、认识销及其联接画法

1. 销的功用、种类及标记

常用的销有圆柱销(图 2-44a)、圆锥销(图 2-44b)、开口销(图 2-44c)。圆柱销和圆锥销用做零件间的联接或定位(图 2-45a、b),但只能传递不大的扭矩;开口销用来防止联接螺母松动或固定其他零件(图 2-45c)。

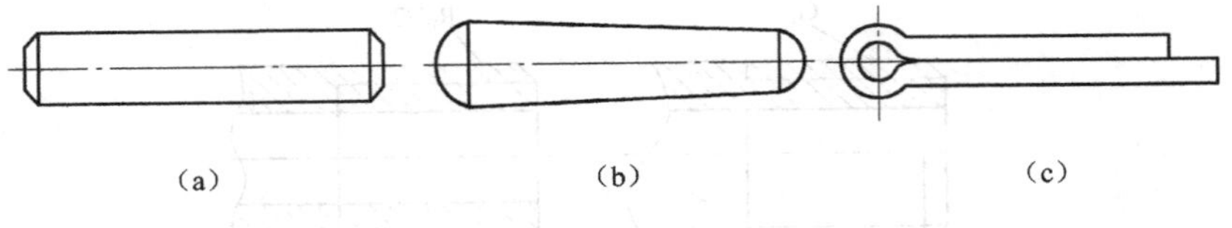

图 2-44 销 的 分 类

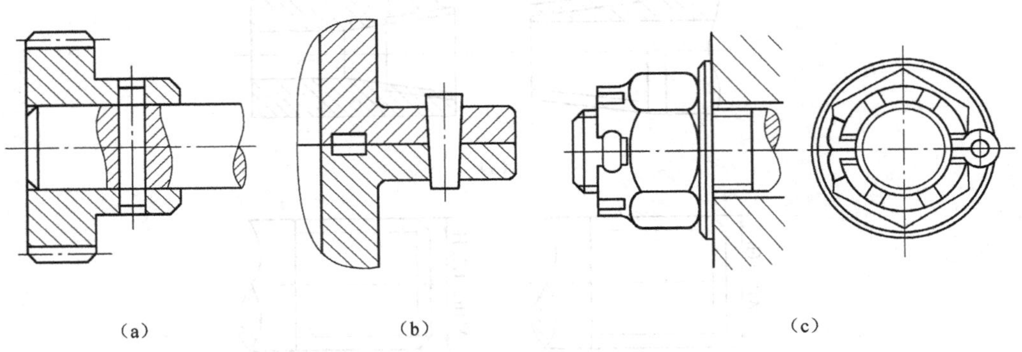

图 2-45 销 联 接

销为标准件，其规格、尺寸可从标准中查得。

普通圆柱销（GB 119—86），按直径的公差不同分为 A、B、C、D 型，标记：销 GB 119—86 类型 公称直径×长度。如公称直径 10mm，长 50mm 的 B 型圆柱销标记：销 GB 119—86 B10×50。

普通圆锥销（GB 117—86），带有 1∶50 锥度，定位精度高于圆柱销，多用于经常拆卸的场合，标记：销 GB 117—86 类型 小端直径×长度。如公称直径 10mm，长 60mm 的 A 型圆锥销标记：销 GB 117—86 A10×60。

2. 销联接的画法

圆柱销或圆锥销的装配要求较高，销孔一般要在被联接零件装配后同时加工。这一要求需在相应的零件图上注明。锥销孔的直径指锥销的小端直径，标注时应采用旁注法，如图 2-46b 所示。

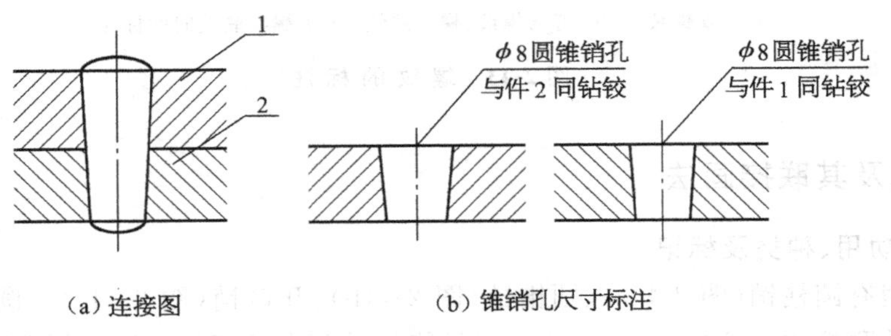

(a) 连接图　　(b) 锥销孔尺寸标注

图 2-46 圆锥销联接及锥销孔尺寸标注

§2.4　考核建议

职业技能考核				职业素养考核			
是否完成	完成情况			安全	卫生	合作	……
	要求 1	要求 2	……				

§2.5　知识拓展

一、点、线、面的投影

1. 点的投影

空间的点一律用大写字母表示，空间点的位置，可由直角坐标值来确定，一般采用 $A(x, y, z)$形式书写。如图 2-47a 所示，点的投影还是点，点到投影面 W、V、H 的距离即分别为坐标数值 x、y、z。点的投影到投影轴的距离，等于空间点到相应投影面的距离。投影规律如图 2-47b 所示。

(1) 主视图和俯视图的投影长对正，长均为 a_x，$a_x=x$。

(2) 主视图和侧视图的投影高平齐，高均为 a_z，$a_z=z$。

(3) 俯视图和侧视图的投影宽相等，宽均为 a_{Y_H} 或 a_{Y_W}，$a_{Y_H}=a_{Y_W}=y$。

(4) 点的两面投影的连线，必定垂直于投影轴。

知道点的任意两个投影，便会确定点的空间位置和第三个投影。

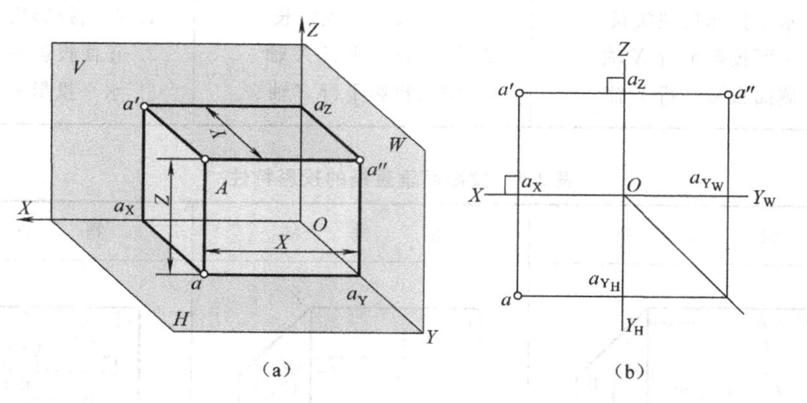

图 2-47　点的投影

2. 直线的投影

任何一条直线都可以由它上面的任意两点确定。因此，直线的三面投影，就转化成直线

上两个点的三面投影。根据直线与平面的关系，直线的投影有以下三种情况：

(1) 投影面平行线：平行于一个投影面而与另外两个投影面倾斜的直线。分为水平线、正平线、侧平线三种。投影面平行线的投影特性见表 2-8。

(2) 投影面垂直线：垂直于一个投影面的直线必与另外两个投影面平行。分为铅垂线、正垂线、侧垂线三种。投影面垂直线的投影特性见表 2-9。

(3) 一般位置直线：直线与三个投影面均为倾斜关系。直线在三个投影面上的投影都不会反映实长，如图 2-48 所示。

表 2-8　投影面平行线的投影特性

名称	水　平　线	正　平　线	侧　平　线
立体图			
投影图			
投影特性	1. 水平投影反映实长 2. 正面投影平行 X 轴 3. 侧面投影平行 Y 轴	1. 正面投影反映实长 2. 水平投影平行 X 轴 3. 侧面投影平行 Z 轴	1. 侧面投影反映实长 2. 正面投影平行 Z 轴 3. 水平投影平行 Y 轴

表 2-9　投影面垂直线的投影特性

名称	铅　垂　线	正　垂　线	侧　垂　线
立体图			

（续表）

名称	铅　垂　线	正　垂　线	侧　垂　线
投影图			
投影特性	1. 水平投影积聚为一点 2. 正面投影和侧面投影都平行于 Z 轴，并反映实长	1. 正面投影积聚为一点 2. 水平投影和侧面投影都平行于 Y 轴，并反映实长	1. 侧面投影积聚为一点 2. 正面投影和水平投影都平行于 X 轴，并反映实长

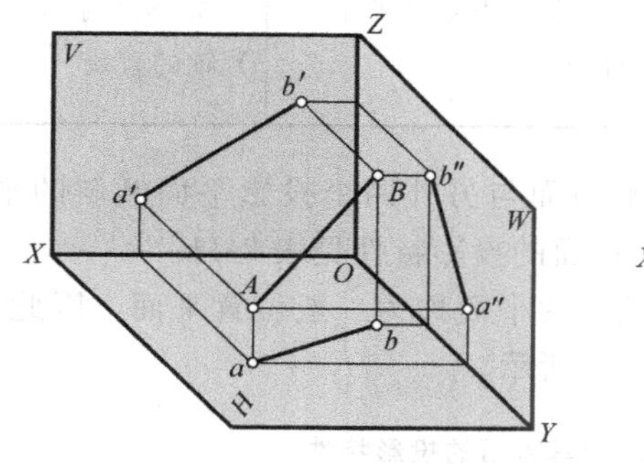

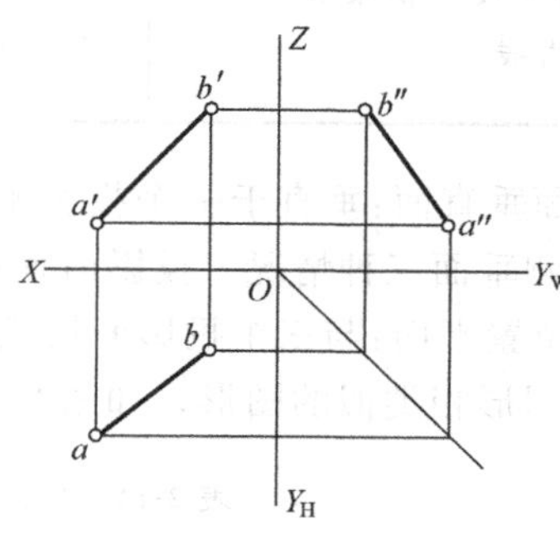

图 2-48　一般位置直线

3. 平面的投影

任何一个平面都可以由它上面的不共线三点确定。因此，平面的三面投影，就转化成平面上三个点的三面投影。根据平面与平面的关系，平面的投影有以下三种情况：

(1) 投影面平行面：平行于一个投影面且与另外两个投影面垂直的平面。分为水平面、正平面、侧平面。投影面平行面的投影特性见表 2-10。

表 2-10　投影面平行面的投影特性

名称	水　平　面	正　平　面	侧　平　面
立体图			

（续表）

名称	水平面	正平面	侧平面
投影图	Z, a′ b′ c′ a″ c″ b″, X O Y_W, a c b, Y_H	a′ Z a″ c′ c″ b′ b″, X O Y_W, b a c, Y_H	Z a′ a″ c′ c″ b′ O b″ Y_W X, a b c, Y_H
投影特性	1. 水平投影反映实形 2. 正面投影积聚成平行于 X 轴的直线 3. 侧面投影积聚成平行于 Y 轴的直线	1. 正面投影反映实形 2. 水平投影积聚成平行于 X 轴的直线 3. 侧面投影积聚成平行于 Z 轴的直线	1. 侧面投影反映实形 2. 正面投影积聚成平行于 Z 轴的直线 3. 水平投影积聚成平行于 Y 轴的直线

(2) 投影面垂直面：垂直于一个投影平面而与另外两个投影平面倾斜的平面。分为铅垂面、正平面、侧垂面三种情况。投影面垂直面的投影特性见表 2-11。

(3) 一般位置平面：与三个投影面均倾斜的平面称为一般位置平面。因此，三个投影都是和空间平面图形相类似的图形。如图 2-49 所示。

表 2-11 投影面垂直面的投影特性

名称	铅垂面	正垂面	侧垂面
立体图	Z, V, a′ c′ A a″ b′ B b″ W c″, X O C, b a c, H, Y	Z, V a′ c′ b′ A a″ W b″, X B C O, b a c″ c, H, Y	Z, V b′ b″ a′ B c′ W a″, X A c″, b C a c, H, Y
投影图	a′ Z a″ c′ c″ b′ b″, X O Y_W, b a c, Y_H	a′ Z a″ c′ c″ b′ b″, X O Y_W, b a c, Y_H	Z b′ b″ a′ a″ c′ c″, X O Y_W, b a c, Y_H

（续表）

名称	铅　垂　面	正　垂　面	侧　垂　面
投影特性	1. 水平投影积聚成直线，与 X 轴、Y 轴倾斜 2. 正面投影和侧面投影具有类似性	1. 正面投影积聚成直线，与 X 轴、Z 轴倾向 2. 水平投影和侧面投影具有类似性	1. 侧面投影积聚成直线，与 Y 轴、Z 轴倾斜 2. 正面投影和水平投影具有类似性

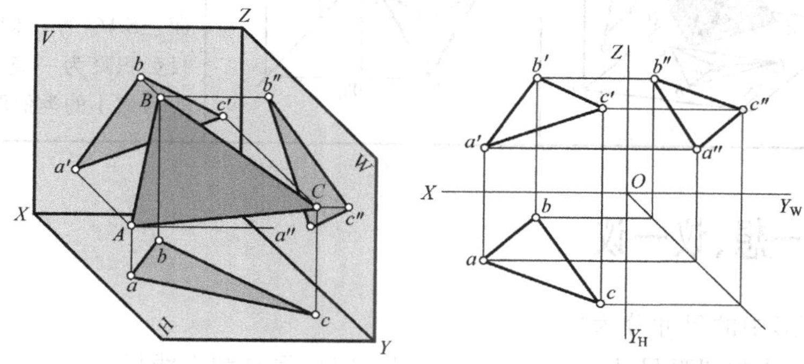

图 2-49　一般位置平面的投影

二、平面体的投影

平面体是表面由平面围成的基本几何体。常见的平面立体有棱柱、棱锥等，如图 2-50a 所示。通常将平面体的上、下称为底面，周围的面称为侧面，侧面和侧面的交线称为棱线。

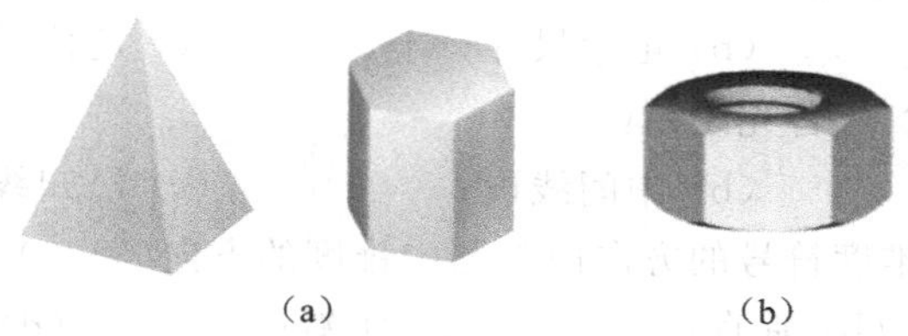

（a）　　（b）

图 2-50　平面体和螺母

在生产实际中，许多常见零件的形体就是有基本几何体变化而来，如图 2-50b 所示螺母就是由六棱柱变化而来。以六棱柱、三棱锥为例，平面体的投影见表 2-12。

表 2-12　平面体的投影

名称	立　体　图	投　影　图	投　影　特　点
六棱柱	Z V W X Y H		上下底为水平面，其 H 面投影反映实形，V、W 面投影为直线；前后两侧面为正平面，其 V 面投影反映实形，H、W 面投影为直线；其余四个侧面都是铅垂面，H 面投影积聚为直线，V、W 面投影为缩小的类似图形

（续表）

名称	立　体　图	投　影　图	投　影　特　点
三棱锥			底面△ABC 为水平面，其 H 面投影反映实形，V、W 面投影为直线；左右两侧面△SAB、△SBC 为一般位置平面，其三个投影均为缩小的类似图形；后侧面△SAC 为一侧垂面，其 W 面投影积聚为一直线，V、H 面投影为缩小的类似图形

§2.6　想一想、议一议

1. 平面图形中的尺寸分为（　　）。

(a) 定形尺寸和圆弧尺寸；　(b) 定位尺寸和直线尺寸；
(c) 定形尺寸和定位尺寸；　(d) 圆弧尺寸和直线尺寸

2. 平面图形的分析包括（　　）。

(a) 尺寸分析和线段分析；　(b) 图形分析和线型分析；
(c) 画法分析和线型分析；　(d) 线段分析和联接分析

3. 两孔中心距的尺寸是（　　）。

(a) 外形尺寸；　(b) 定形尺寸；　(c) 定位尺寸

4. 绘制平面图形时，应首先绘制（　　）。

(a) 联接线段；　(b) 中间线段；　(c) 已知线段

5. 在标注锥度时，锥度符号的方向应与图中锥度的方向（　　）。

(a) 一致；　(b) 垂直；　(c) 倾斜；　(d) 反向

6. 绘制联接圆弧图时，应确定（　　）。

(a) 切点的位置；　(b) 联接圆弧的圆心；
(c) 先定圆心再定切点；　(d) 联接圆弧的大小

7. 三视图采用的是（　　）。

(a) 斜投影；　(b) 中心投影；　(c) 多面正投影；　(d) 单面正投影

8. 当直线、平面与投影面垂直时，其在该投影面上的投影具有（　　）。

(a) 积聚性；　(b) 真实性；　(c) 类似性；　(d) 收缩性

9. 形成三视图的正投影法中，投影面、投影中心、物体三者的相对位置是（　　）。

(a) 投影中心、投影面、物体；　(b) 物体、投影中心、投影面；
(c) 投影中心、物体、投影面；　(d) 投影面、投影中心、物体

10. 三面投影体系中，H 面展平的方向是（　　）。

(a) H 面永不动；　(b) H 面绕 Y 轴向下转 90°；
(c) H 面绕 Z 轴向右转 90°；　(d) H 面绕 X 轴向下转 90°

11. 物体左视图的投影方向是(　　)。

(a) 由前向后；　(b) 由左向右；　(c) 由右向左；　(d) 由后向前

12. 左视图反映了物体的什么方位(　　)。

(a) 上下；　(b) 左右；　(c) 上下前后；　(d) 前后左右

13. 能反映出物体左右前后方位的视图是(　　)。

(a) 左视图；　(b) 俯视图；　(c) 主视图；　(d) 后视图

14. 三视图中“宽相等”是指哪两个视图之间的关系(　　)。

(a) 左视图与俯视图；　(b) 主视图和左视图；

(c) 主视图和俯视图；　(d) 主视图和侧视图

15. 下列关于螺纹参数正确的叙述是(　　)。

(a) 螺纹相邻两牙对应两点间的轴向距离，称之为螺距；

(b) 螺纹相邻两牙在中径线上对应两齿廓点之间的距离，称之为导程；

(c) 螺纹的公称尺寸是顶径；

(d) 导程是螺距的 n 倍(n 是螺纹的线数)

16. 螺纹的公称直径是指螺纹的(　　)。

(a) 大径；　(b) 中径；　(c) 小径。

17. 下列关于螺纹规定画法正确的叙述是(　　)。

(a) 在剖视图中内螺纹顶径用细实线绘制；

(b) 按规定画法绘制螺纹时，小径可按大径的约 0.85 倍绘制；

(c) 在与轴线垂直的视图中，螺纹小径应画成约 3/4 圈细实线圆；

(d) 按规定画法绘制螺纹时，一般都应采用局部剖表示牙型

18. 下列关于螺纹标注正确的叙述是(　　)。

(a) 普通粗牙螺纹可不标螺距是因为在国标中没有粗牙螺距；

(b) 一般而言，左旋螺纹都应在螺纹代号后标注 LH，右旋不标；

(c) 管螺纹的螺纹代号是 G；

(d) 在多线螺纹的标记中，应直接注出线数

19. 标注为 M10－6g 的螺纹是(　　)。

(a) 细牙普通螺纹；　(b) 粗牙普通螺纹；　(c) 管螺纹

20. 标注为 M10×1－6g 的螺纹是(　　)。

(a) 细牙普通螺纹；　(b) 粗牙普通螺纹；　(c) 管螺纹

21. 双线螺纹的导程为 2，则其螺距是(　　)。

(a) $P=4$；　(b) $P=2$；　(c) $P=1$

22. 若两零件厚度分别是 19、20mm，零件上所钻通孔的直径是 18mm，用螺栓联接两零件，合适的螺栓标记是(　　)。

(a) 螺栓 GB 5782—86M16×60；　(b) 螺栓 GB 5782—86M18×60；

(c) 螺栓 GB 5782—86M16×55；　(d) 螺栓 GB 5782—86M18×55

23. 圆柱面的形成条件是(　　)。

(a) 圆母线绕过其圆心的轴旋转；　(b) 直母线绕与其平行的轴旋转

(c) 曲母线绕轴线旋转；　(d) 直母线绕与其相交的轴旋转

24. 圆柱体在某一投影面上的投影为圆，则在其余两投影面上的投影是(　　)。
(a) 均为圆；　　(b) 均为矩形；　　(c) 均为直线
25. 曲面体的轴线和圆的中心线在三视图中(　　)。
(a) 可不表示；　　(b) 必须用点画线画出；
(c) 当体小于一半时才不画出；　　(d) 当体小于等于一半时均不画出
26. 轴线垂直于 H 面的圆柱的正向最外轮廓素线在左视图中的投影位置在(　　)。
(a) 左边铅垂线上；　　(b) 右边铅垂线上；
(c) 轴线上；　　(d) 上下水平线上
27. 圆锥的 4 条最外轮廓素线在投影为圆的视图中的投影位置(　　)。
(a) 都在圆心；　　(b) 在中心线上；
(c) 在圆上；　　(d) 分别积聚在圆与中心线相交的 4 个交点上
28. 若主视图作剖视图，应该在哪个视图上标注剖切位置、投影方向和编号(　　)。
(a) 主视图；　　(b) 俯视图；
(c) 反映前后方位的视图；　　(d) 任意视图
29. 同一机件各图形中的剖面符号(　　)。
(a) 可每一图形一致；　　(b) 无要求；
(c) 必须方向一致；　　(d) 必须方向一致、间隔相同
30. 点 A 的 x 坐标，反映了 A 点到(　　)。
(a) H 面的距离；　　(b) V 面的距离；
(c) W 面的距离；　　(d) 原点的距离
31. 绘制点的投影图时，V 面投影和 H 面投影相等的坐标是(　　)。
(a) x；　　(b) y；　　(c) z；　　(d) x 和 y
32. 点 A 的 z 坐标为 0，其空间位置在(　　)。
(a) 原点处；　　(b) Z 轴上；　　(c) V 面上；　　(d) H 面上
33. A 点和 B 点到 V、H 面的距离对应相等，这两点为(　　)。
(a) H 面的重影点；　　(b) V 面的重影点；
(c) W 面的重影点；　　(d) H 面和 W 面的重影点
34. 下列几组点中，在 W 面上为重影点，且 A 点可见的一组点是(　　)。
(a) $A(5, 10, 8)$，$B(10, 10, 8)$；　　(b) $A(10, 10, 8)$，$B(10, 10, 5)$；
(c) $A(10, 30, 5)$，$B(5, 30, 5)$；　　(d) $A(10, 30, 8)$，$B(10, 20, 8)$
35. 直线在所平行的投影面上的投影(　　)。
(a) 实长不变；　　(b) 长度缩短；　　(c) 聚为一点
36. 已知 $a'b' /\!/ ox$，ab 倾斜于 ox，则 AB 直线为(　　)。
(a) 水平线；　　(b) 正平线；　　(c) 侧垂线；　　(d) 一般位置线
37. 已知 $c'd' /\!/ ox$，$cd /\!/ ox$，则 CD 直线为(　　)。
(a) 水平线；　　(b) 正平线；　　(c) 侧垂线；　　(d) 一般位置线
38. 下列几种直线，与侧垂线不垂直的是(　　)。
(a) 正垂线；　　(b) 铅垂线；　　(c) 侧平线；　　(d) 正平线
39. 三角形平面在所垂直的投影面上的投影是(　　)。

(a) 一条直线；　　(b) 实形不变；　　(c) 缩小的三角形

40. 水平面的三面投影中，反映平面实形的是(　　)。

(a) V 面投影；　　(b) H 面投影；

(c) W 面投影；　　(d) V、H、W 面投影

41. 正垂面在三投影面体系中，类似性投影在(　　)。

(a) V、H 面上；　　(b) V、W 面上；

(c) W、H 面上；　　(d) V、H、W 面上

42. 在一般位置平面 P 内取一直线 AB，若 $a'b' /\!/ ox$ 轴，则 AB 直线是(　　)。

(a) 水平线；　　(b) 正平线；　　(c) 侧平线；　　(d) 侧垂线

43. 下列几组两平面相交，其交线为水平线的是(　　)。

(a) 正垂面与侧垂面；　　(b) 水平面与一般位置平面；

(c) 侧平面与一般位置平面；　　(d) 侧垂面与一般位置平面

项目三　拆卸箱盖、轴承盖

§3.1　能力目标

一、知识要求

(1) 能理解三视图的投影规律。
(2) 能初步了解常见工艺结构的作用。
(3) 能理解向视图、局部视图、斜视图、剖视图的画法。
(4) 知道零件图的作用与内容、尺寸注法。
(5) 理解表面粗糙度概念。
(6) 理解尺寸公差、形位公差概念。

二、技能要求

(1) 会正确操作拆卸各零件并复位。
(2) 会绘平面图形。
(3) 会阅读向视图、局部视图、斜视图、剖视图的表达法。
(4) 会初步应用向视图、局部视图、斜视图、剖视图表达法。
(5) 会识读表面粗糙度标注、尺寸公差标注、常用的形位公差标注。
(6) 能进行安全文明操作。

§3.2　材料、工具及设备

(1) 一级直齿圆柱齿轮减速器及其装配图、箱盖、轴承盖和端盖的零件图。
(2) 拆装及测量工具:扳手、游标卡尺、钢板尺、铅丝、涂料等。
(3) 丁字尺、三角板、圆规、分规、制图铅笔等绘图工具和仪器。

§3.3　学习内容

活动 1　拆卸箱盖与箱体

取下轴承端盖及调整垫片,然后缓吊起箱盖。观察轴承端盖、减速器箱盖结构形状。

箱盖较重，应缓起轻放，注意安全。

轴承端盖（透盖、闷盖）、减速器箱盖如图 3-1 所示。轴承端盖主要由不同直径的同心圆柱面组成，其厚度相对于直径小得多，并成盘状。减速器箱盖是结构形状较复杂的零件，上面有钻螺栓孔的凸台、观察孔、加强肋等结构，表面形成许多交线。

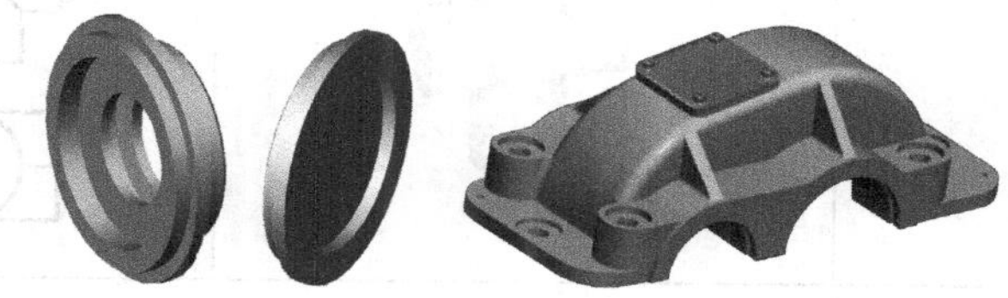

图 3-1　轴承端盖、减速器箱盖

知识点　立体表面的交线

1. 相贯线

两回转体表面相交称为相贯，表面交线称为相贯线。相贯线是相交两回转体表面的共有线（一般为封闭的空间曲线），也是两表面的分界线。相贯线在不影响真实感的情况下，允许简化（用一段圆弧代替）。

如图 3-2 所示，以点 1、2 为圆心、大圆柱的半径为半径画弧，与小圆柱轴线相交于 3 点，以点 3 为圆心、大圆柱的半径为半径，在 1、2 点间画弧即可。

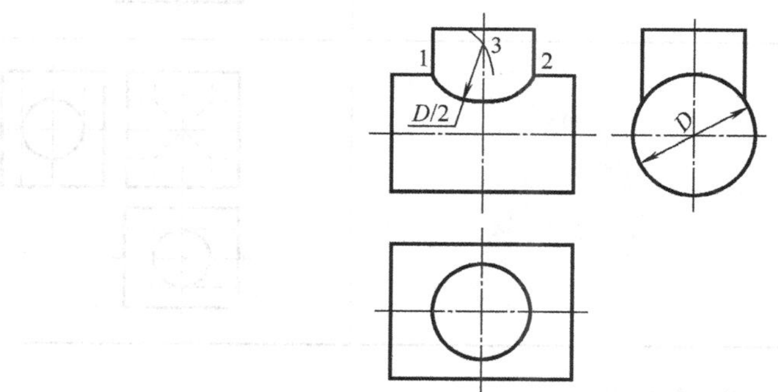

图 3-2　相贯线简化画法

两圆柱相贯线的常见情况如表 3-1。

表 3-1　两圆柱相贯线的常见情况

名　　称	立　　体　　图	三　　视　　图
不等径圆柱轴线正交		

（续表）

名　　称	立　　体　　图	三　　视　　图
等径圆柱的相贯		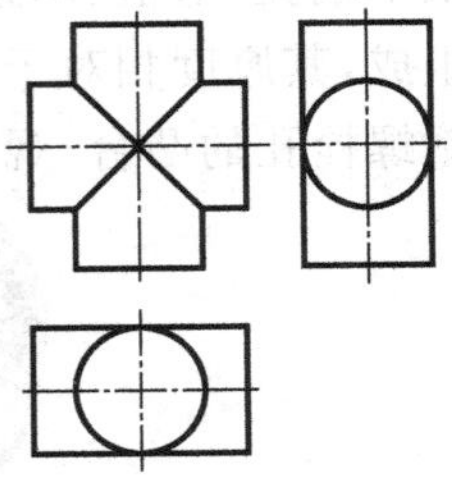
圆柱孔与实心圆柱相交		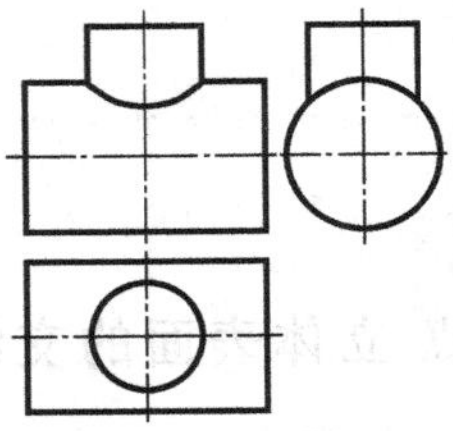
不等径圆柱孔相交		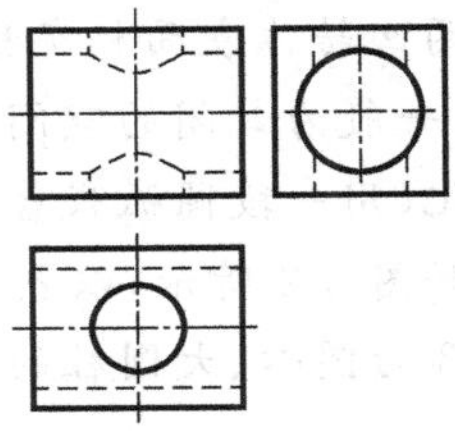
两等径圆柱孔相交		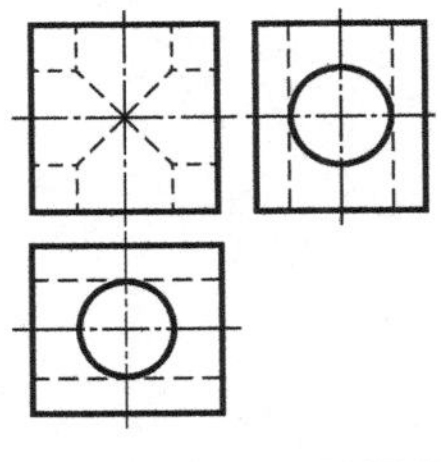

2. 截交线

平面与立体相交，立体被平面截切所产生的表面交线称为截交线。截交线是截平面与立体表面的共有线（一般是封闭的平面曲线）。

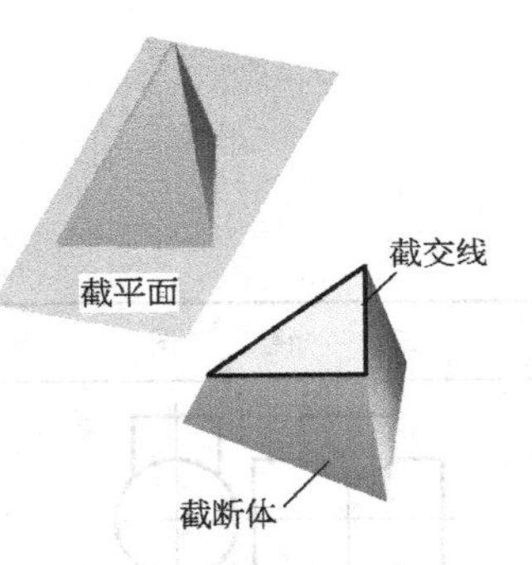

图 3-3　截　交　线

平面立体的截交线一定是一个封闭的平面多边形，多边形各顶点是截平面与被截棱线的交点，即立体被截断几条棱，那么截交线就是几边形，如图 3-3 所示。

求平面与平面立体的截交线，只要求出平面立体有关的棱线与截平面的交点，经判别可见性，然后依次联接各交点，即得所求的截交线。也可直接求出截平面与立体有关表面的交线，由各交线构成的封闭折线即为所求的截交线。求棱柱、棱锥的截交线如图 3-4a、b 所示。

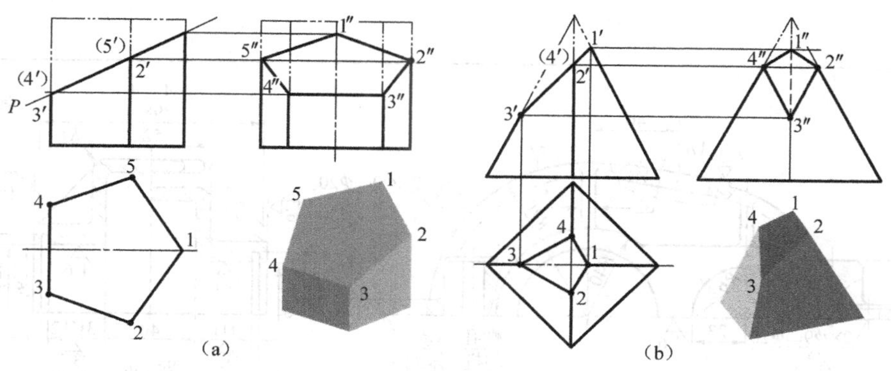

图 3-4　棱柱、棱锥的截交线

活动 2　识读轴承端盖、减速器箱盖零件图

观察轴承端盖零件图样、减速器箱盖零件图样，识读图样。

一、了解零件图样的内容组成

观察图 3-5 轴承端盖零件图和图 3-6 减速器箱盖零件图，它包括以下内容：

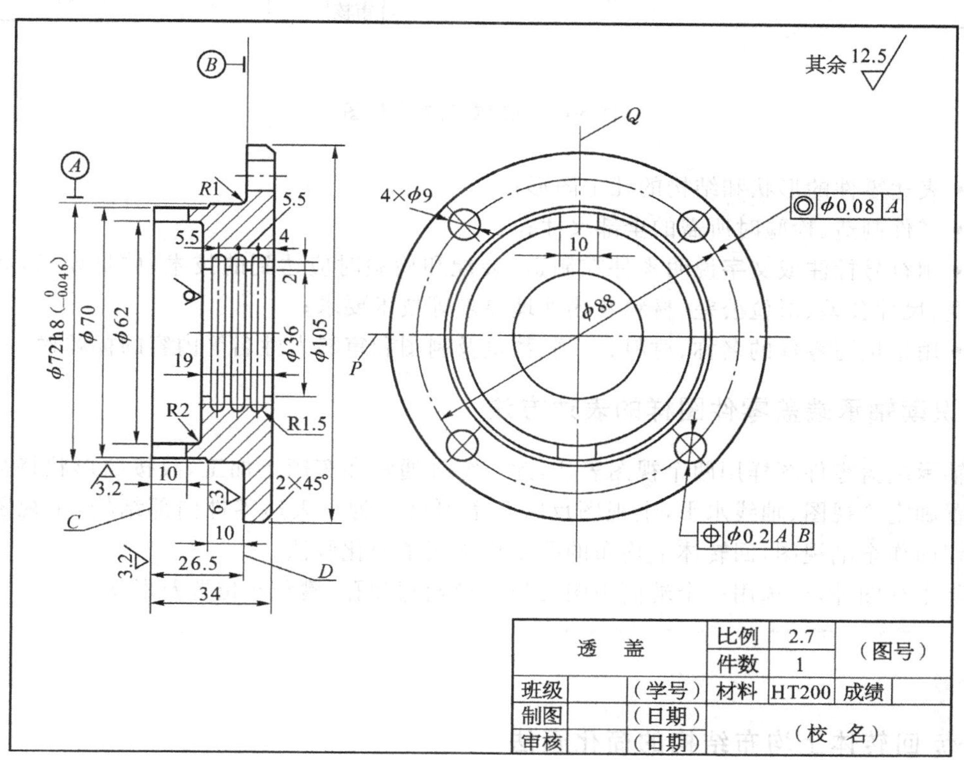

图 3-5　轴承端盖零件图

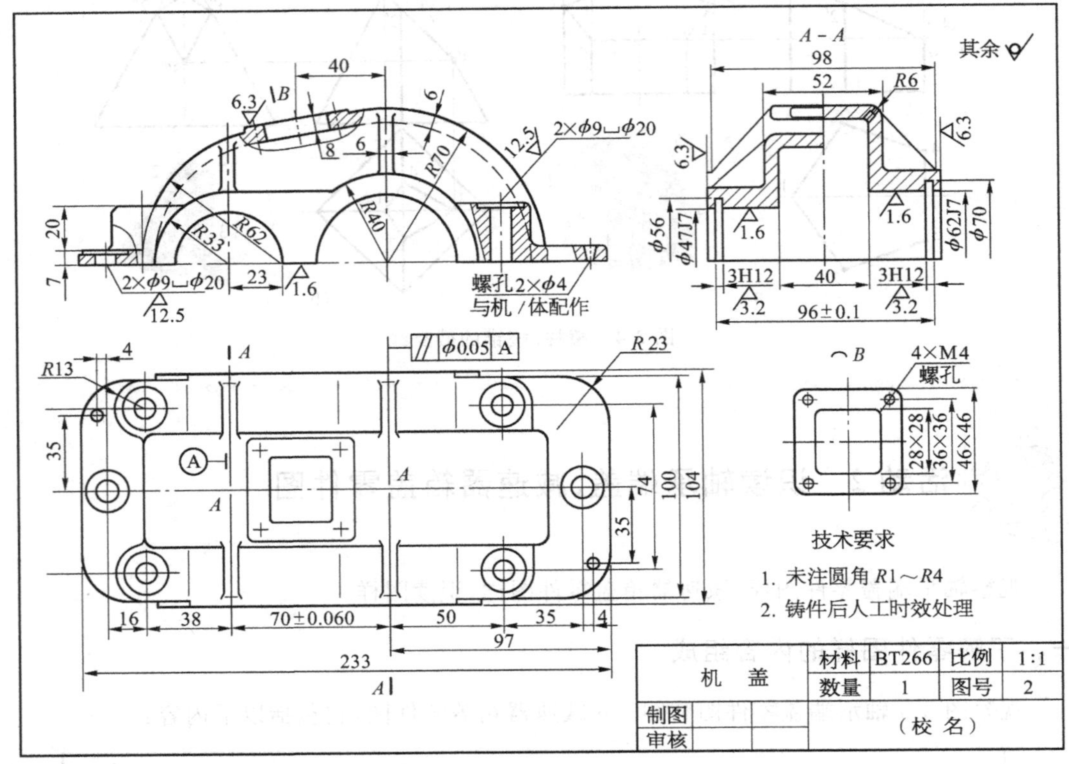

图 3-6　减速器箱盖零件图

- 表达零件的形状和结构的几个图形；
- 零件制造、检验时所需的全部尺寸；
- 用符号标注或文字说明零件在制造、装配和检验时应达到的技术、质量要求，如表面粗糙度、尺寸公差、形位公差、材料及热处理要求等技术要求；
- 用来填写零件的名称、材料、比例、数量及制图和审核人姓名等内容的标题栏。

二、识读轴承端盖零件图样的表达方法

轴承端盖零件图样用两个视图表达，此类零件通常在车床上加工，故按照形状特征和加工位置确定主视图、轴线水平，主视图反映盘盖厚度。为了表达零件内部结构，主视图用单一剖切面作全剖视图，回转体上均布的孔结构采用了简化画法。

除主视图外，还选用一个端面视图反映外形轮廓和孔、槽分布位置及形状。

知识点　回转体上均布结构的简化画法

回转体上均匀分布的肋板、孔等结构不处于剖切平面上时，可假想将这些结构旋转到剖

切平面上画出，均匀分布孔只画一个，其他孔用中心线表示，如图 3-7 所示。图中 EQS一为均匀分布。

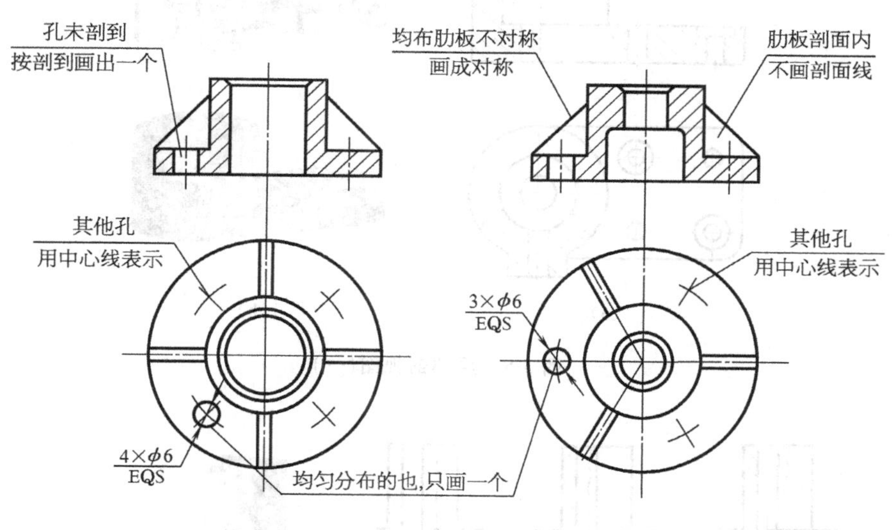

图 3-7　回转体上均布结构的画法

三、识读减速器盖零件图样的表达方法

减速器盖零件图样用四个图表达：主视图、俯视图、全剖的左视图和 B 向斜视图。

1. 主视图

主视图取自然位置安放，反映了箱盖的形状特征，3 处局部剖显示了螺栓沉孔、观察孔、定位销的内部结构，对照俯视图，可以看出螺栓沉孔和观察孔的位置。

知识点　局部剖表达法

用剖切平面局部地剖开机件所得的剖视图称为局部剖视图。当不对称机件的内、外形均需要在同一视图上兼顾表达（见图 3-8），或对称机件的分界线是粗实线，不宜作半剖（见图 3-9），可采用局部剖视图表达。当实心零件上有孔、凹坑和键槽等局部结构时，也常用局部剖视图表达。

局部剖视图中，剖视图部分与视图部分之间应以波浪线为界，此时的波浪线也可当作机件断裂处的边界线。波浪线不能与图形中其他图线重合，也不要画在其他图线的延长线上，不应超出图形轮廓线，不应穿空而过，如遇到孔、槽等结构时，波浪线必须断开，如图 3-10 所示。

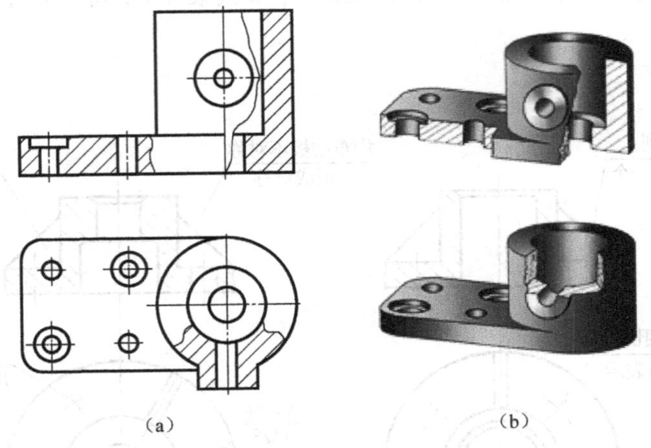

图 3-8　局部剖视图(一)

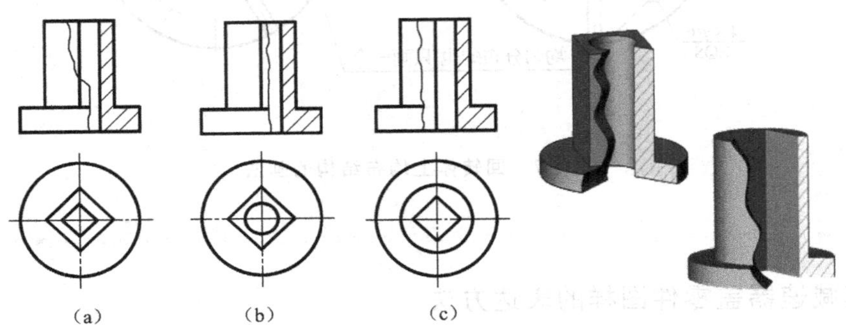

图 3-9　局部剖视图(二)

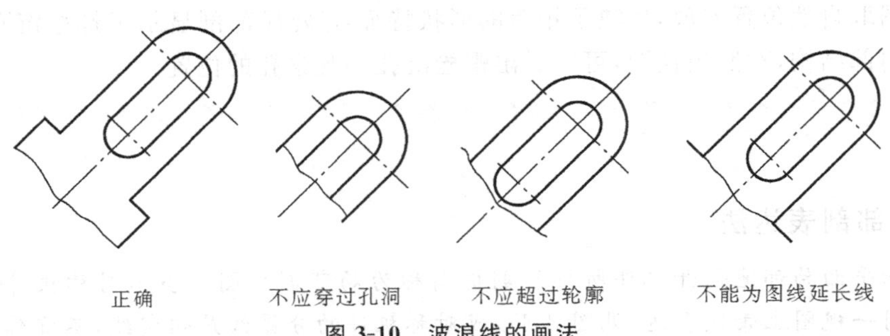

图 3-10　波浪线的画法

2. 俯视图

俯视图清晰地表达了箱盖各结构的相对位置。结合主视图能基本想象出箱盖的形体。

3. 左视图

左视图采用了两个互相平行的剖切面(阶梯剖)对箱盖作全剖,显示了箱盖壁厚和其上的沟槽。

知识点　阶梯剖

1. 阶梯剖概念

如图 3-11a 所示的机件中凸台、长圆形孔和圆柱的开孔都不处于同一个平面，若用一个剖切平面不可能将所有的孔同时剖到，图 3-11b 中采用三个相互平行的剖切平面剖开机件，再向投影面投影，这样就很简练地表达了机件上的所有内部结构。这种用两个或多个相互平行的剖切平面剖开机件的方法称为阶梯剖。当机件上有多个轴线不处于同一平面的孔或槽等的结构需要表达时，常采用阶梯剖。

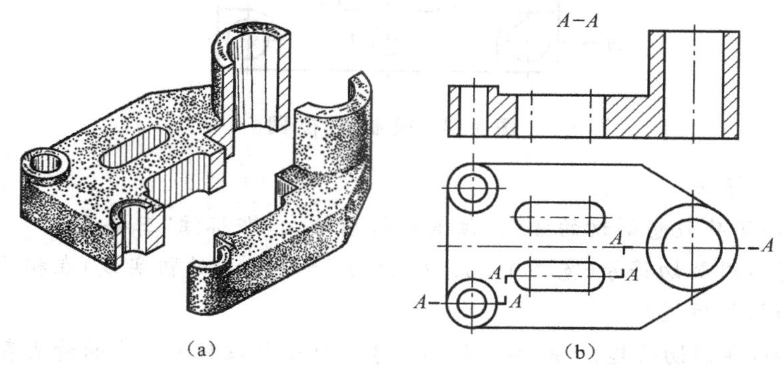

图 3-11　几个平行的剖切平面剖切所获得的剖视图

2. 阶梯剖画法

(1) 在剖切平面的起、迄和转折处，必须用粗实线画出剖切符号，并注上相同的字母。在剖视图的上方，注出相应的字母"×—×"。若按投影关系配置剖视图，中间又没有其他图形隔开时，允许省略箭头，如图 3-11b 所示。

(2) 在剖视图中不允许画出剖切平面转折处的分界线，如图 3-12a 所示。

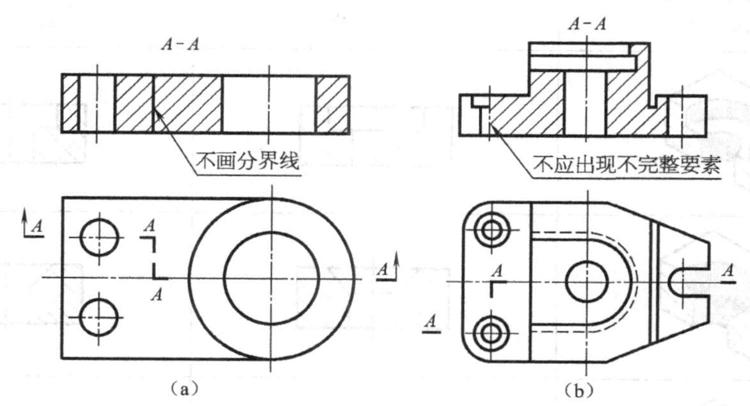

图 3-12　几个平行剖切面作图常见的错误

(3) 剖切平面的转折处不允许与图中的轮廓线重合，当转折处因位置有限，且不致于引起误解时，可以不注写字母，如图 3-12b 所示。

(4) 剖视图中不应出现不完整的结构要素,如图 3-12b 所示。

(5) 只有当两个要素在图形上具有公共对称线或轴线时,才容许可以各画一半,并以对称线或轴线作为分界线,如图 3-13 所示。

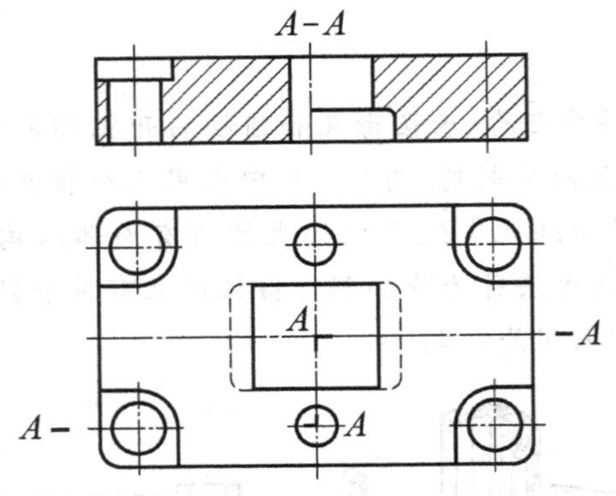

图 3-13　模板的视图

3. 剖视图的标注

剖视图需要明确假想剖切的方向、位置和投射方向,即标注"三要素"。

- 剖切位置:用剖切符号(宽约 1～1.5b,长约 5～10mm 的粗实线)在相关视图上标出剖切面的起、止和转折位置。
- 投射方向:在剖切面起、止两端的剖切符号上画出与该符号垂直的箭头表示投射方向。
- 剖视图名称:在剖视图上方正中水平注写两个相同的大写拉丁字母(如 A—A),并在所有剖切符号旁注写一个相同的字母,表示剖视图的名称。

剖切面后面的可见轮廓线应全部用粗实线画出,不能漏画。常见的剖视图上漏画或多画粗实线的图例见表 3-2。

表 3-2　剖视图上漏画或多画粗实线的图例

立体图	正确	错误

（续表）

立　体　图	正　　确	错　　误

4. *B* 向斜视图

由于箱盖上观察孔倾斜，在俯视图和左视图上都未能反映实形，因此用 *B* 向斜视图表达其真实形状。

知识点 斜视图和局部视图表达法

1. 斜视图

如图 3-14 所示，机件左侧部分与基本投影面倾斜，所以其在任何基本投影面上所得到的视图都不反映实形，给绘图和看图带来一定困难。为方便看图和简化作图，增设一个与倾斜部分平行的辅助投影面 *P*（*P* 平面垂直于 *V* 面并与机件的倾斜部分平行），将倾斜部分向 *P* 平面投影后，再将 *P* 平面展开到与 *V* 面重合的位置，所得到的反映倾斜部分实形的视图即斜视图。斜视图通常用于表达机件上倾斜部分的结构。

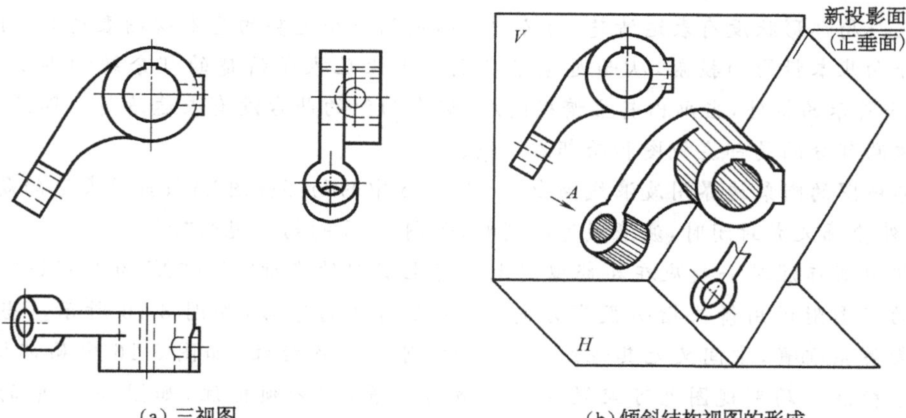

（a）三视图　　（b）倾斜结构视图的形成

图 3-14　斜视图的形成

斜视图一般只画出倾斜部分的局部形状，其断裂边界用波浪线画出，如图 3-15 中的斜视图“A”；当所表达的局部结构完整，且外轮廓又成封闭时，波浪线可以省略，如图 3-6 中“B”向斜视图。一般情况下，为了画图和看图方便，最好将斜视图画在符合投影关系的位置上，如图 3-15a 中的“A”向斜视图。必要时，允许将斜视图旋转配置，但旋转角度不得大于 90°，靠近旋转符号的箭头端标注字母，如图 3-15b 中的“↷A”。旋转符号的箭头指向应与实际旋转方向一致。

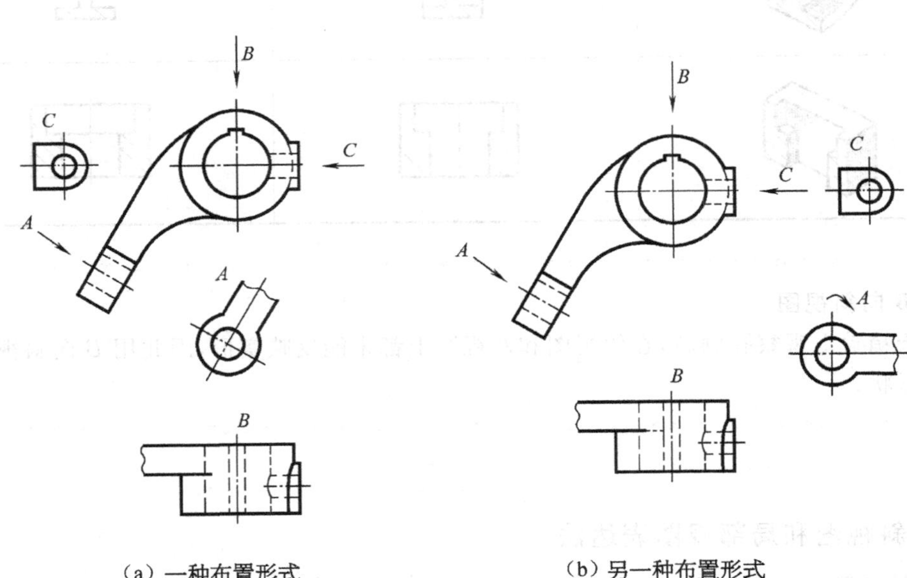

(a) 一种布置形式

(b) 另一种布置形式

图 3-15　斜视图的配置

画波浪线时注意点如同前面局部剖中所述。

2. 局部视图

图 3-15 中的图“C”是将机件的某一部分向基本投影面投射所得的视图，称为局部视图。当机件某一局部形状没有表达清楚，而又没有必要用一个完整的基本视图表达时，可单独将这一部分向基本投影面投射，从而避免了在别的图上已表示清楚的部分结构再重复表达。如图 3-16 所示的机件，当画出其主俯视图后，仍有两侧的凸台没有表达清楚。因此，需要画出表达该两部分的局部左视图和局部右视图。

局部视图的断裂边界用波浪线画出，如图 3-16 中的局部视图“A”；当所表达的局部结构完整，且外轮廓又成封闭时，波浪线可以省略，如图 3-16 的局部视图“B”。

局部视图标注时一般应在局部视图上方标上视图的名称“X”（“X”为大写拉丁字母），在相应的视图附近用箭头指明投影方向，并注上同样的字母，如图 3-16 所示。当局部视图按投影关系配置，中间又无其他图形隔开时，可省略各标注，如图 3-16 中局部视图“A”可省略不标注。局部视图也可配置在其他适当位置，但必须标注，如图 3-16 中的局部视图“B”。

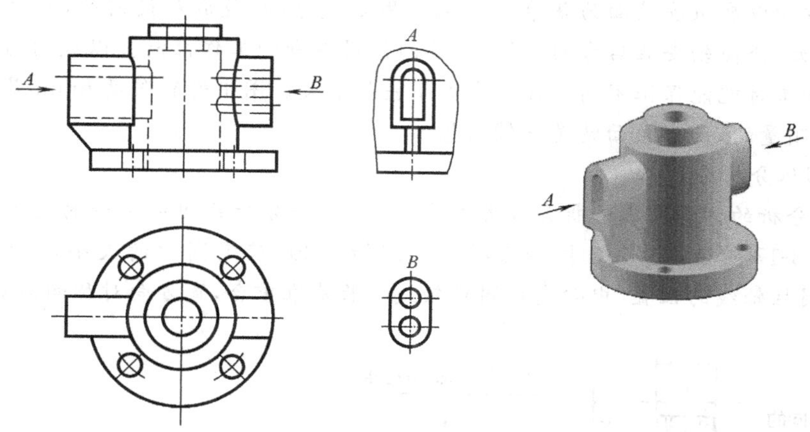

图 3-16　局部视图的画法

局部剖视图的剖切范围可大可小，非常灵活，如运用恰当可使表达重点突出，简明清晰。但同一机件的同一视图上局部剖视图的剖切数不宜过多，否则，会使表达过于凌乱，且会割断它们之间内部结构的联系。

四、识读零件图中尺寸

1. 轴承透盖零件图

轴承透盖零件图中标注了透盖各组成结构——同轴圆柱的直径、厚度，如：$\varnothing 72h8_{-0.046}^{\ 0}$ 及 10，∅70，∅105，34，∅36 及 19，4×∅9 孔圆心的位置尺寸∅88。其中$\varnothing 72h8_{-0.046}^{\ 0}$是尺寸公差标注形式，基本尺寸为∅72，最大极限尺寸为∅72，最小极限尺寸为∅71.954，上偏差为 0、下偏差为−0.046；公差为 0.046，公差带代号为 h，精度等级为 8 级。

尺寸标注上，考虑了加工工艺上的要求。长方向上的主要基准是透盖左端面，高度、宽度方向上的基准是透盖轴线，保证了透盖与轴配合时的对中性；长度方向的第二基准是∅105 圆柱的左端面。由第二基准尺寸标出了圆柱$\varnothing 72h8_{-0.046}^{\ 0}$的厚度 10；26.5 为主要基准与第二基准间的距离。

知识点　零件图上的尺寸标注

零件图的尺寸是加工和检验零件的重要依据。标注零件图的尺寸，除满足正确、完整、清晰的要求外，还必须使标注的尺寸合理，既要满足设计要求，又要满足加工、测量和检验等制造工艺要求。识读零件图上的尺寸时，应注意以下问题：

1. 明确尺寸基准

零件有长、宽、高三个方向，每一方向都有一个主要基准，还可有辅助基准，一般选择零件的对称面、重要安装面、轴线等作为基准。如图 3-17 所示，轴承座的长、宽方向以对称面

为基准，高方向以底板安装面为基准。轴承座用来支撑轴，是成对使用的，两个轴承座的中心高差异太大，会使轴安装后弯曲，影响零件的使用寿命和工作性能。以底面为基准直接标出中心高，加工时就能保证不同零件的中心高差异不大。图中螺孔深度6mm是以凸台顶面为基准进行测量的，凸台顶面就是一辅助基准。

2. 用形体分析方法

按形体分析的方法将零件拆分成各组成部分，逐一分析各组成部分的定形尺寸和定位尺寸。如图3-17所示，定形尺寸“∅30”、“∅16”和“30”确定圆柱的大小，定位尺寸“40±0.02”确定圆柱轴线的位置（中心高），圆柱轴线与长基准重合，宽方向对称面与宽基准重合。

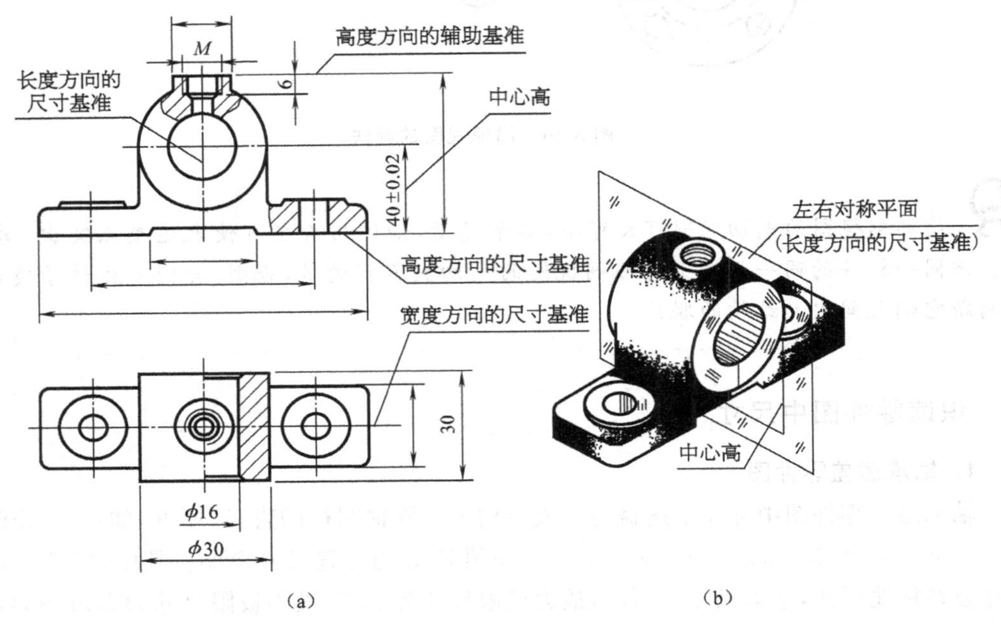

图3-17 尺寸基准

3. 尺寸标注的形式

(1) 链状式：零件同一方向的几个尺寸依次首尾相接，后一尺寸以它邻接的前一个尺寸的终点为起点（基准），注写成链状，称为链状式，如图3-18a所示。链状式可保证所注各段尺寸的精度要求，但由于基准依次推移，使各段尺寸的位置误差累加。因此，当阶梯状零件对总长精度要求不高而对各段度的尺寸精度要求较高时，或零件中各孔中心距的尺寸精度要求较高时，适于采用链状式尺寸注法。

(2) 坐标式：零件同一方向的几个尺寸由同一基准出发进行标注，称为坐标式，如图3-18b所示。坐标式所主各段尺寸其精度只取决于本段尺寸加工误差，这样既可保证所注各段尺寸的精度要求，又因各段尺寸精度互不影响，故又不产生位置累加。因此，当需要从同一基准定出一组精确的尺寸时，适于采用这种尺寸注法。

(3) 综合式：零件同一方向的多个尺寸，既有链状式又有坐标式，是这两种形式的综合，称为综合式，如图3-18c所示。综合式具有链状式和坐标式的优点，既能保证一些精确尺寸，又能减少阶梯状零件中尺寸误差积累。因此，综合式注法应用较多，如图3-19所示主动齿轮轴中的尺寸注法。

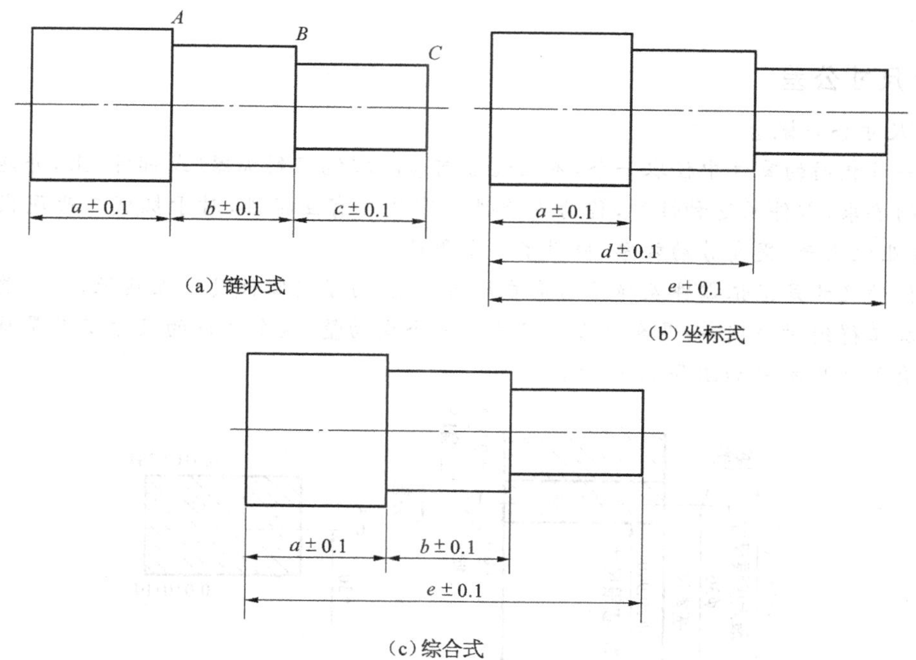

图 3-18　尺寸的标注形式

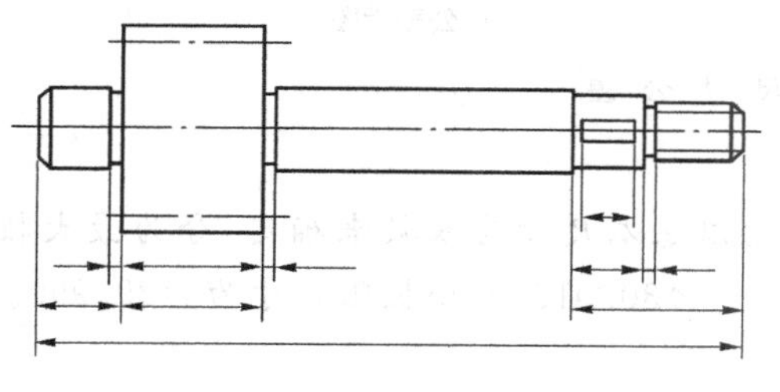

图 3-19　综合式尺寸标注

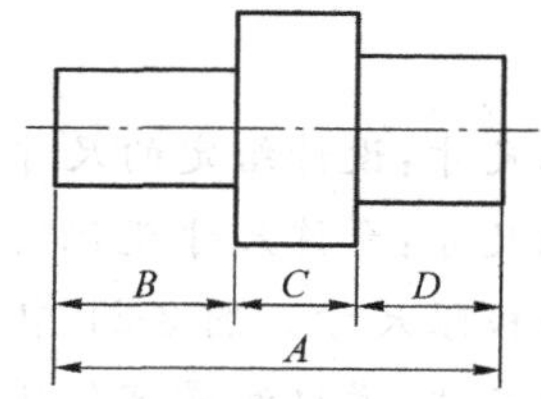

图 3-20　封闭的尺寸链

尺寸链不能注成图 3-20 所示的封闭尺寸链形式。

2. 箱盖零件图

箱盖零件图尺寸标注上，考虑了加工工艺的要求，标注了箱盖各结构的尺寸。长方向上的主要基准是大轴承孔的轴心线，宽方向尺寸基准是零件的对称面，高方向尺寸基准是箱体和箱盖的结合面。

主要标出的尺寸有两轴承孔尺寸∅47J7、∅62J7 及两轴承孔之间距离 70±0.060；观察孔尺寸 46×46；观察孔盖定位尺寸 40；左右两联接螺栓孔定位尺寸 35 和定位销定位尺寸 4；4 个联接螺栓沉孔凸台相对左右两联接螺栓沉孔次要基准间距离 20；总体尺寸长×宽＝230×104；标准尺寸公差的有∅47J7、∅62J7、70±0.060、96±0.1。

知识点 尺寸公差

1. 尺寸公差概念

在一批相同的零件中任取一个，不经过任何修配就能装到机器(或部件)上，并能保证使用性能的要求，零件的这种性质，称为互换性。零件具有互换性，对于机械工业现代化协作生产、专业化生产、提高劳动效率，提供了重要条件。

零件的尺寸是保证零件互换性的重要几何参数，为了使零件具有互换性，并不要求零件的尺寸加工得绝对准确，而是允许零件尺寸有一个变动量，这个允许的尺寸变动量称为尺寸公差。有关常用术语如图 3-21 所示。

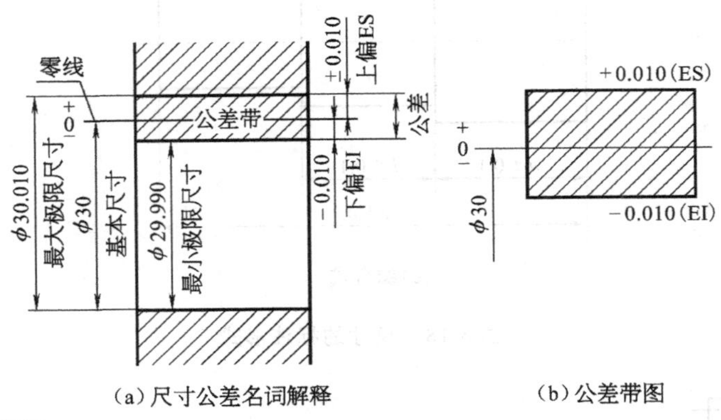

图 3-21 尺寸公差

基本尺寸：设计给定的尺寸∅30。

极限尺寸：允许尺寸变化的两个界线值，它以基本尺寸为基数来确定，分为最大极限尺寸和最小极限尺寸。图 3-21 中，最大极限尺寸为∅30.010，最小极限尺寸为∅29.990。

实际尺寸：通过测量零件所得的尺寸。

尺寸偏差：某一尺寸减其基本尺寸所得的代数差。最大极限尺寸减基本尺寸所得的代数差为上偏差，最小极限尺寸减基本尺寸所得的代数差为下偏差。国标规定：孔的上偏差用 ES 表示、下偏差用 EI 表示；轴的上偏差用 es 表示、下偏差用 ei 表示。

尺寸公差(简称公差)：允许尺寸的变动量。公差等于最大极限尺寸与最小极限尺寸之代数差的绝对值。

公差＝最大极限尺寸－最小极限尺寸＝上偏差－下偏差

零线：在公差带图中，确定偏差的一条基准直线，零线常表示基本尺寸。

尺寸公差带(公差带)：在公差带图中，由代表上、下偏差的两条直线所限定的一个区域。

2. 标准公差与基本偏差

国标规定，公差带是由标准公差和基本偏差组成。标准公差确定公差带的大小，基本偏差确定公差带的位置。

(1) 标准公差：标准公差是标准所列的、用以确定公差带大小的任一公差。标准公差分为 IT01、IT0、IT1、IT2、…、IT18 共 20 个等级。IT01 公差值最小、IT18 公差值最大。标准公差反映了尺寸的精确程度，其值可从国标和相应的手册中查得。

（2）基本偏差（GB/T 1800.2—1998）：基本偏差是标准所列的、用以确定公差带相对零线的上偏差或下偏差，一般为靠近零线的那个偏差。如图 3-22 所示，孔和轴的基本偏差系列共有 28 种，大写为孔、小写为轴。当公差带在零线的上方时，基本偏差为下偏差，反之则为上偏差，其值可从国标和相应的手册中查得。

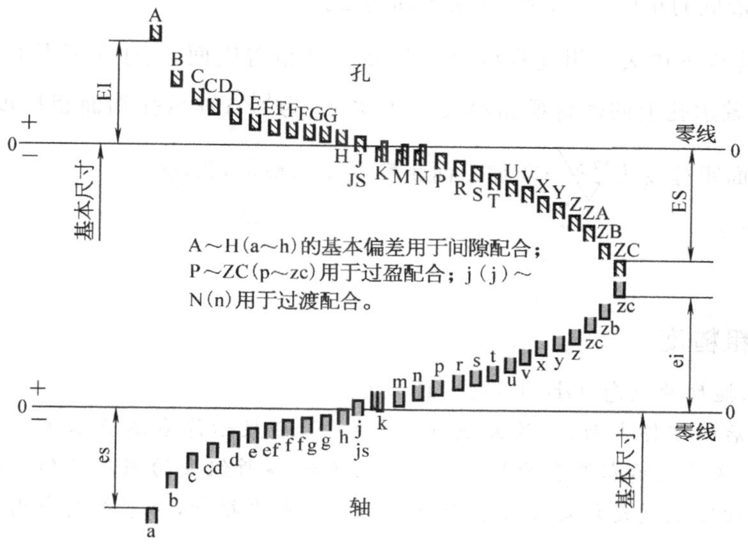

图 3-22　基本偏差系列

特别指出，孔的基本偏差代号为 H 时，其下偏差为零，孔的最小极限尺寸等于基本尺寸；轴的基本偏差代号为 h 时，其下偏差为零，轴的最大极限尺寸为基本尺寸。

3. 零件图中尺寸公差的标注形式

零件图中尺寸公差的有三种标注形式：只注写上、下偏差值，上、下偏差的字高为尺寸数字高度的三分之二，且下偏差的数字与基本尺寸数字在同一水平线上，如图 3-23a 所示；既注公差带代号，又注上、下偏差值，但偏差值要加括号，如图 3-23b 所示；只注公差带代号（由基本偏差代号与标准公差等级组成），如图 3-23c 所示。

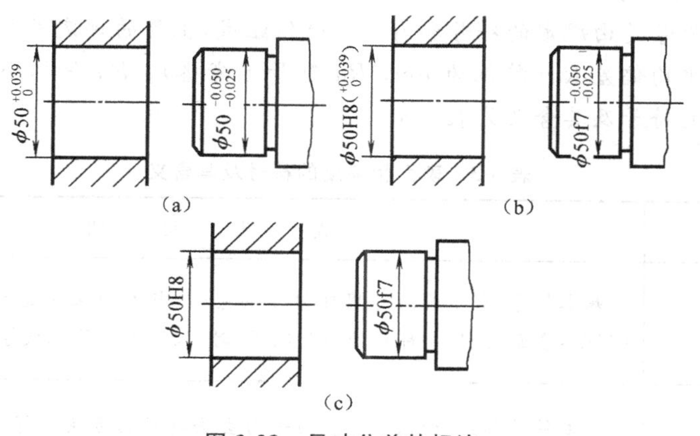

图 3-23　尺寸公差的标注

五、识读零件图中表面粗糙度

(1) 轴承透盖零件表面粗糙程度各不相同，轴径为$\varnothing 72h8_{-0.046}^{\ 0}$的左端圆柱面与箱体上孔配合，要求较高，粗糙度为$\overset{3.2}{\triangledown\!/}$，轴径为$\varnothing 70$的左端面与轴承外圈接触，粗糙度为$\overset{3.2}{\triangledown\!/}$，表面粗糙程度要求最低的粗糙度为$\circ\!\!/$，其余表面为$\overset{12.5}{\triangledown\!/}$。

(2) 箱盖零件图中表面粗糙程度要求最高的是箱盖底面，因于下箱体配合，要求较高，粗糙度为$\overset{1.6}{\triangledown\!/}$；轴承孔上的密封槽粗糙度要求次之，为$\overset{3.2}{\triangledown\!/}$；轴承孔端面粗糙度为$\overset{6.3}{\triangledown\!/}$；螺栓孔等非重要接触面粗糙度为$\overset{12.5}{\triangledown\!/}$；非加工面粗糙度要求最低，为$\circ\!\!/$。

知识点 表面粗糙度

1. 表面粗糙度的概念(GB/T 131—1993)

机械加工后的零件表面，在放大镜或显微镜下，会显示许多高低不平的凸峰和凹谷，如图 3-24 所示。这种表示零件表面具有较小间距和峰谷所组成的微观几何形状特征，称为表面粗糙度。表面粗糙度是评定零件表面质量的一项重要指标，在零件图中用代号标出。

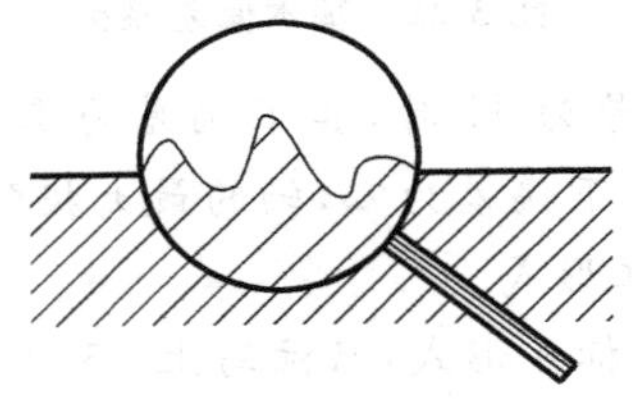

图 3-24 零件的表面

2. 表面粗糙度代号

表面粗糙度代号是由规定的符号和有关参数值组成，主要的评定参数是高度参数，最常用的是轮廓算术平均偏差 *Ra*(单位为 μm，*Ra* 符号可省略)。*Ra* 值越小，表面质量要求越高。表面粗糙度的符号及其含义见表 3-3。

表 3-3 表面粗糙度的符号及其含义

符　　号	意　义　说　明
$\surd$	基本符号，表示表面可用任何方法获得，当不加注粗糙度参数值或有关说明(例如：表面处理、局部热处理状况等)时，仅适用于简化代号标注
$\triangledown\!/$	基本符号加一短划，表示表面是用去除材料的方法获得，例如：车、铣、钻、磨、剪切、抛光、腐蚀、电火花加工、气割等

（续表）

符　　号	意　　义　　说　　明
	基本符号加一小圆，表示表面是用不去除材料的方法获得，例如：铸、锻、冲压变形、热轧、粉末冶金等，或者用于保持原供应状况的表面（包括保持上道工序的状况）
	在上述三个符号的长边上均可加一横线，用于标注有关参数和说明
	上述三个符号上均可加一小圆，表示所有表面具有相同的表面粗糙度要求

图样上所标注的表面粗糙度代号主要包括表面粗糙度符号和高度参数（*Ra*），表面粗糙度参数标注示例及其意义如表 3-4 所示。

表 3-4　表面粗糙度参数标注示例及其意义

代号	意　　义	代号	意　　义
3.2	用任何方法获得的表面粗糙度，*Ra* 的上限值为 3.2μm	3.2	用不去除材料的方法获得的表面粗糙度，*Ra* 的上限值为 3.2μm
3.2	用去除材料的方法获得的表面粗糙度，*Ra* 的上限值为 3.2μm	3.2 1.6	用去除材料的方法获得的表面粗糙度，*Ra* 的上限值为 3.2μm，下限值为 1.6μm

3. 表面粗糙度的标注

图样上所标注的表面粗糙度符号、代号是该表面完工后的要求。在同一图样上每一表面只注一次粗糙度代号，且应注在可见轮廓线、尺寸界线、引出线或它们的延长线上，并尽可能靠近有关尺寸线。代号中的数字及符号的方向必须按图 3-25a 所示的规定标注，即符号的尖端必须从材料外指向表面，数字方向应与尺寸数字方向一致。

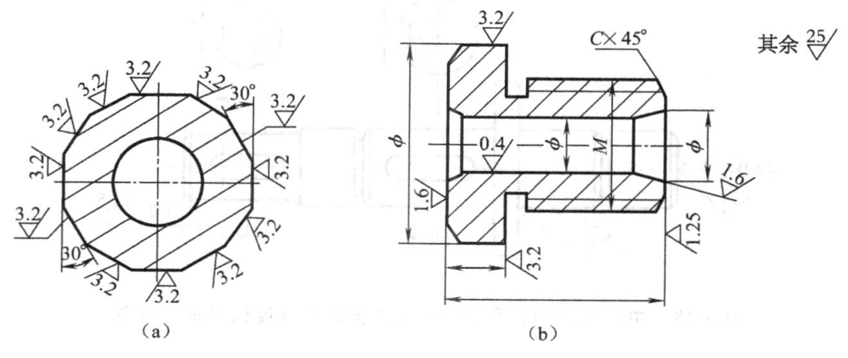

图 3-25　表面粗糙度的标注（一）

当零件的大部分表面具有相同的粗糙度要求时，对其中使用最多的一种代（符）号，可统一注在图纸的右上角，加注“其余”两字，如图 3-25b 所示。

齿轮、渐开线花键的工作表面在图中没有表示出齿形时，其粗糙度代号可注在分度线上，如图 3-26a 所示。螺纹表面需要标注表面粗糙度时，标注在螺纹尺寸线上，如图 3-26b 所示。

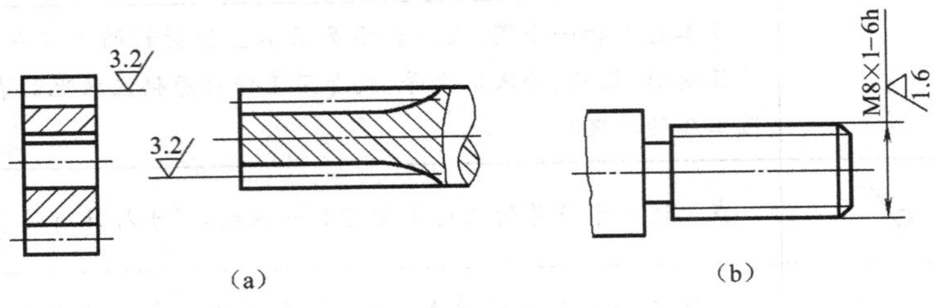

图 3-26　表面粗糙度的标注(二)

零件上所有表面都有相同表面粗糙度要求时，可在图样右上角统一标注代号，如图 3-27a 所示。零件上连续要素及重复要素(孔、槽、齿等)的表面，其表面粗糙度代号只注一次，如图 3-27b 所示。同一表面上有不同表面粗糙度要求时，应用细实线分界，并注出尺寸与表面粗糙度代号，如图 3-27c 所示。零件上中心孔、键槽、圆角、倒角的表面粗糙度代号可简化标注，如图 3-28 所示。

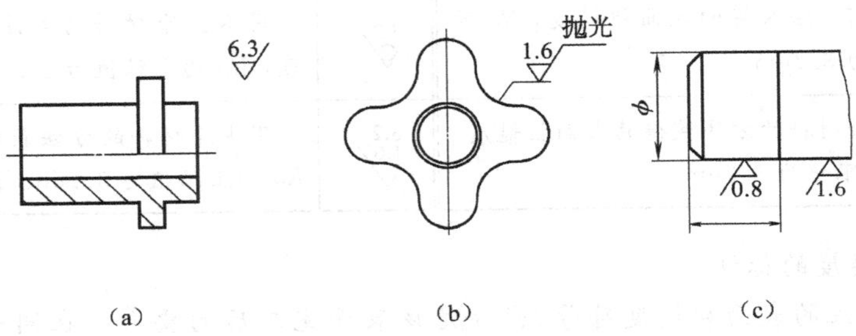

图 3-27　表面粗糙度的标注(三)

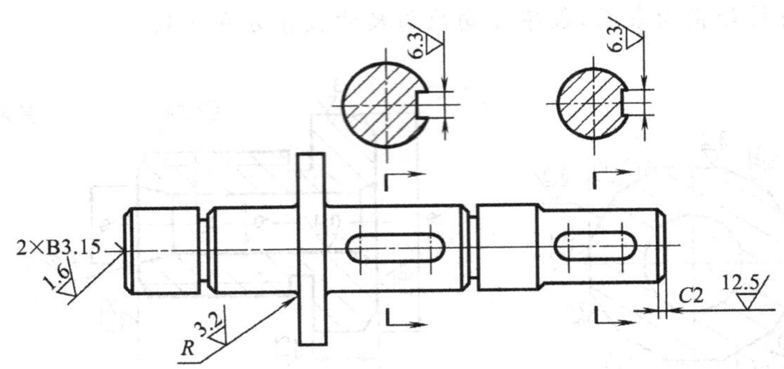

图 3-28　中心孔、键槽、圆角、倒角的表面粗糙度代号简化注法

六、识读零件图中形位公差

(1) 轴承端盖零件图中，标注的形位公差有：

形状公差 | ◎ | ∅0.008 | A |，表示相当于基准圆柱∅72h8$_{-0.046}^{0}$的轴线，圆柱∅88的圆柱面圆柱度公差为∅0.008。

位置公差 | ⌖ | ∅0.2 | A | B |，表示相对于基准圆柱∅72h8$_{-0.046}^{0}$和圆柱∅105的左端面，圆柱孔∅9的位置度公差为∅0.2。

（2）箱盖零件图中，标注的形位公差有：

位置公差 | // | ∅0.05 | A |，表示相对于基准圆柱∅47J7的轴线，∅62J7的轴线平行度公差为∅0.05。

合理确定形位公差，才会满足零件的使用性能与装配要求，它同尺寸公差、表面粗糙度一样，是评定零件质量的一项重要指标。

知识点　形位公差

形状公差和位置公差简称形位公差，是指零件的实际形状和实际位置对理想形状和理想位置的允许变动量。

形位公差的标注代号包括公差框格、指引线、公差项目符号、公差数值、基准代号字母。

形位公差各项目符号见表3-5。

表3-5　形位公差各项目符号

分　类	项　目	符　号	分　类		项　目	符　号
形状公差	直线度	—	位置公差	定向	平行度	//
	平面度	▱			垂直度	⊥
	圆　度	○			倾斜度	∠
	圆柱度	⌭		定位	同轴度	◎
	线轮廓度	⌒			对称度	⌯
	面轮廓度	⌓			位置度	⌖
				跳动	圆跳动	↗
					全跳动	⌰

（1）形位公差的代号：包括公差框格、指引线、公差项目符号、公差数值、基准代号字母。形位公差框格由两格或多格组成，框格中的主要内容从左到右按以下次序填写：公差项目符号、公差值、基准字母，如图3-29a所示。带箭头的指引线表示箭头所指的部位为被测要素，即机件上要检测的点、线或面。基准要素用基准符号来标注，由粗短线、圆圈、连线及大字母

组成，如图 3-29b 所示。对于位置公差，必须指明基准要素。

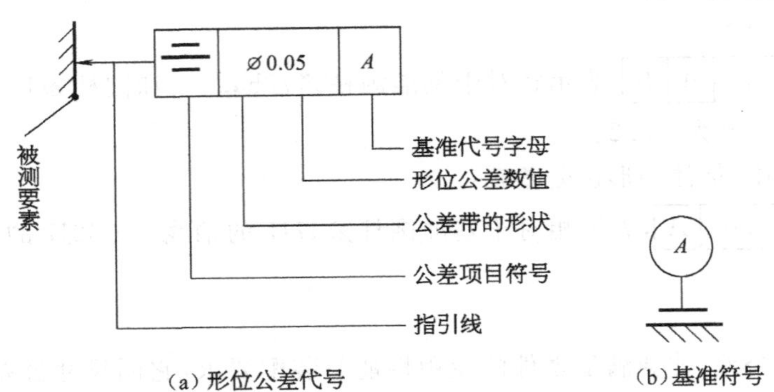

(a) 形位公差代号　　(b) 基准符号

图 3-29　形位公差组成

(2) 形位公差的标注：

- 指引线的箭头要指向被测要素的轮廓线或其延长线上，如图 3-30a 所示；
- 被测要素是各要素公共轴线或公共中心平面时，指引线的箭头可直接指在轴线或中心线上，如图 3-30b 所示。被测要素或基准要素是某段轴线时，指引线的箭头应与该要素尺寸线的箭头对齐，否则应明显错开，如图 3-30a、c 所示；
- 当公差带为圆柱时，公差数值之前应加符号“∅”；
- 同一要素有多项公差要求时，可将公差上、下叠放在一起，如图 3-30d 所示。

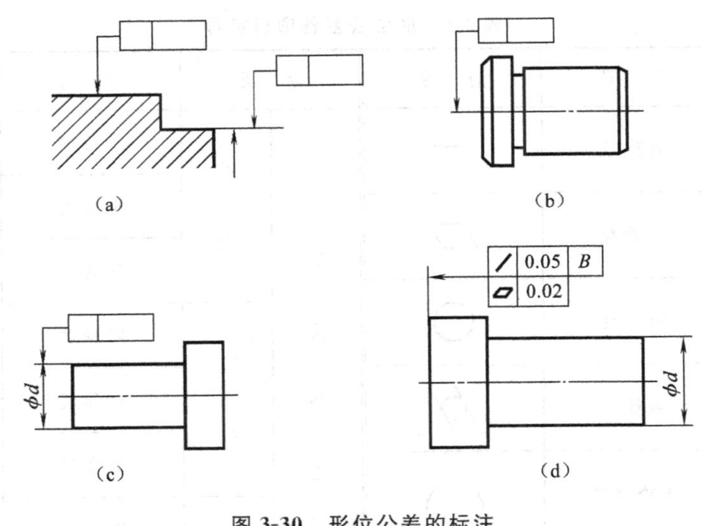

图 3-30　形位公差的标注

活动 3　识读轮盘(盖)类零件图

常见轮盘(盖)类零件包括齿轮、手轮、皮带轮、飞轮、法兰盘、端盖等，如图 3-31 所示。

一、观察轮盘类零件结构

这类零件通常带有凸缘、键槽、均布的圆孔、轮辐、肋等局部结构，一般为回转体或其他几何形状的扁平盘状体，径向尺寸比轴向尺寸大，如图 3-31 所示。轮类零件一般通过键、销与轴联接来传递扭矩，盘类零件可起支承、定位和密封等作用。

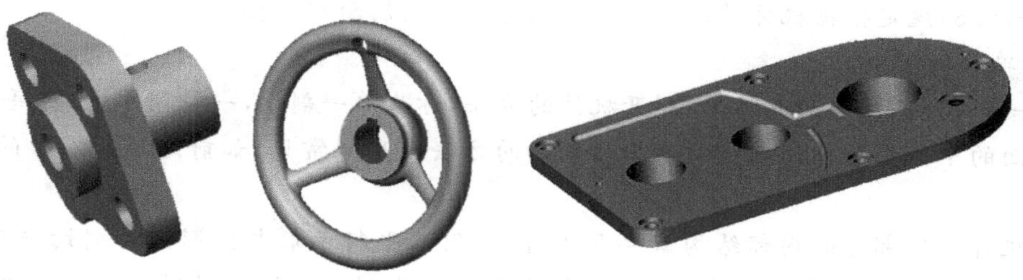

图 3-31　轮盘类零件

二、识读轮盘类零件图样表达法

1. 主视图

轮盘类零件一般以非圆视图水平摆放作为主视图，常剖开绘制。图 3-32 所示法兰盘按照加工位置确定主视图、轴线水平，采用组合的剖切面剖开；图 3-33 所示方向轮按照加工位置确定主视图、轴线水平，取全剖视图，剖视图中辐条部分按剖视图规定画法绘制。

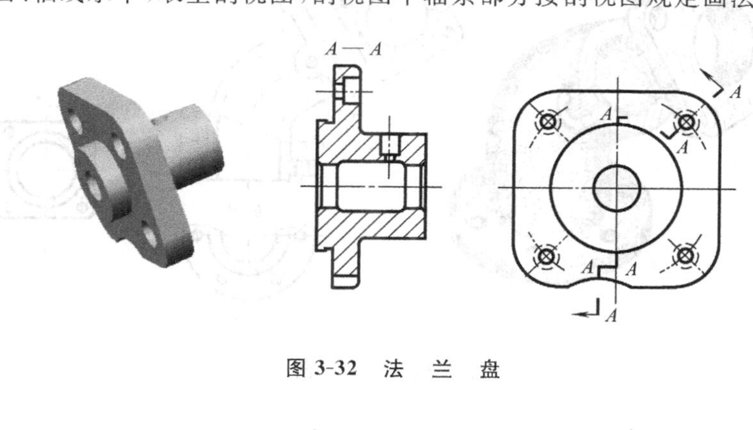

图 3-32　法　兰　盘

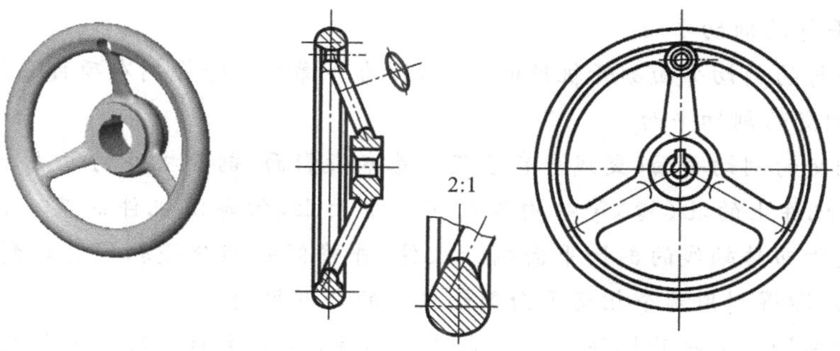

图 3-33　方　向　轮

知识点 剖切面的种类

由于机件内部结构形状多种多样，故剖切面的种类也不尽相同。为此，国家标准(GB/T 17452—1998)规定根据机件的结构特点可选择以下剖切面剖开机件：

1. 单一剖切面

用一个剖切面(平面或柱面)剖开机件的方法，称为单一剖切，一般用平行(或垂直)于基本投影面的平面剖切。用单一剖切平面剖切的方法应用很常见，如前述项目二中的2-26剖视等。

当机件倾斜部分的内部结构需要表达时，可用不平行于基本投影面的剖切平面剖开机件。如图3-34中$A—A$是用单一倾斜剖切平面完全地剖开机件所得到的全剖视图，表达了弯管及其顶部凸缘、凸台和通孔。该表达方法用于表达机件上倾斜部分的结构形状。

用倾斜剖切面获得的剖视图，一般按投影关系配置，如图3-34 a所示，也可将剖视图平移到适当位置放置，必要时允许将图形旋转配置，但必须标注旋转符号，如图3-34b所示。此类剖视图必须进行标注。

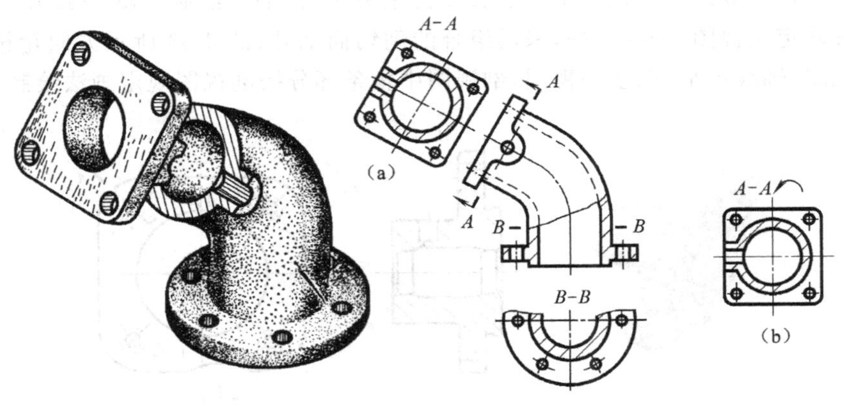

图3-34 斜 剖

2. 几个平行的剖切平面

用几个平行的剖切平面剖开机件的方法，称为阶梯剖。阶梯剖在项目三活动二中介绍。

3. 几个相交的剖切平面

用两个相交的剖切平面(交线垂直于某一基本投影面)剖开机件的方法，称为旋转剖，如图3-35所示，机件上的孔(槽)等结构不在同一平面上，但却沿机件的某一回转轴线分布。采用两个相交于回转轴线的剖切平面剖开机件，并将倾斜部分绕轴线旋转到与侧面平行后再向侧面投影，即得到用两个相交平面剖切机件的全剖视图。

用相交的剖切平面剖开机件时一定要进行标注，其标注形式及内容与几个平行平面剖切的剖视图相同，应注意以下几点：

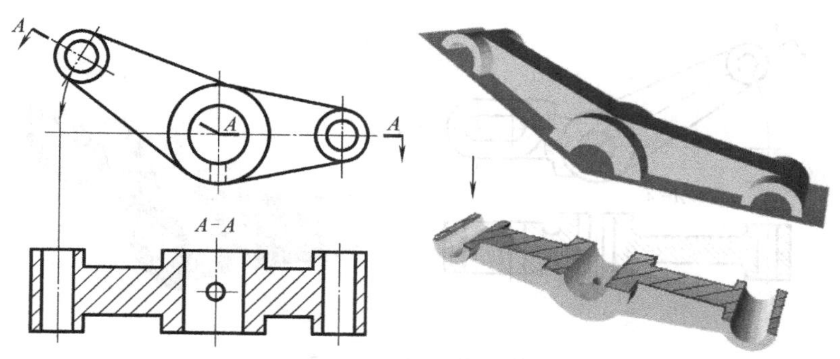

图 3-35 两个相交剖切面剖切所获得的全剖视图

- 其适用于具有回转中心的机件，两剖切平面的交线应与机件的回转轴线重合；
- 采用相交的剖切平面剖开机件时，应是先按剖切位置剖开机件，然后将倾斜部分旋转后再进行投影，如图 3-35 所示；
- 剖切平面后的其他结构，一般仍按原来的位置进行投影。如图 3-35 所示，图形中的小孔就不属于倾斜结构故而不参加旋转，仍按其原来的位置画出；
- 当剖切后产生不完整要素时，应将此部分按不剖绘制，如图 3-36 所示。

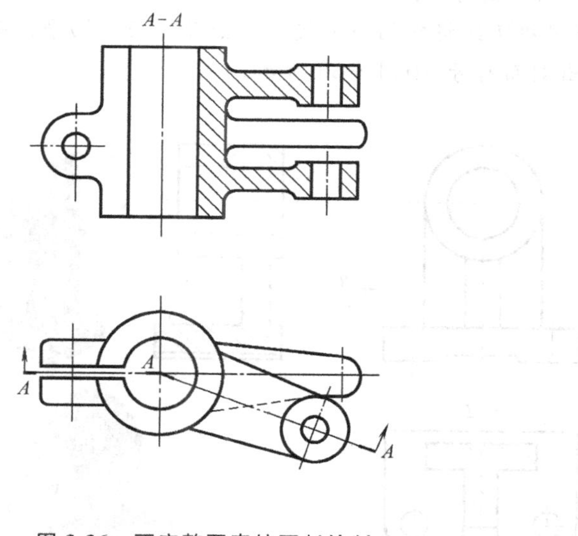

图 3-36 不完整要素按不剖绘制

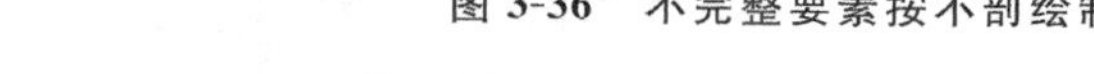

几个相交剖切面的交线，必须垂直于某一基本投影面。

4. 组合的剖切面

当机件的内部结构较多，用旋转剖或阶梯剖仍不能表达清楚时，可用组合的剖切平面剖开机件，这种方法称为复合剖，如图 3-37 所示。

复合剖必须标注，方法同旋转剖。

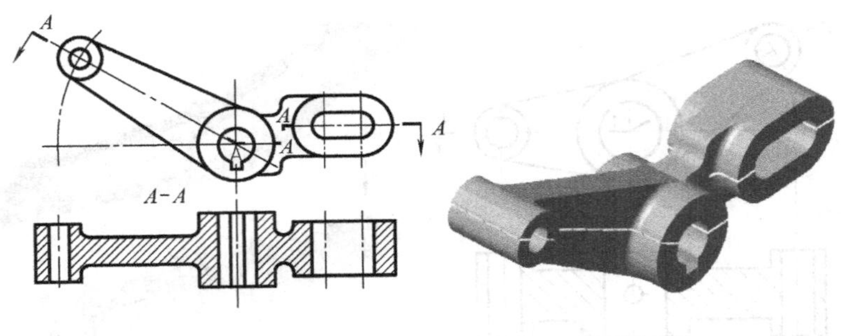

图 3-37 复 合 剖

知识点 简化画法(GB/T 16675.1—1996)

国家标准《技术制图》和《机械制图》规定了一系列的简化画法，其目的是减少绘图工作，提高设计效率及图样的清晰度，满足手工制图和计算机制图的要求，适应国际贸易和技术交流的需要。简化画法包括规定画法、省略画法、示意画法等。

1. 规定画法

(1) 画各种剖视图时，对于机件上的肋板、轮辐及薄壁等，若按纵向剖切，这些结构都不画剖面符号，而用粗实线将它们与邻接部分分开。而剖切平面垂直于肋板和支承板(即横向剖切)，仍要画出剖面符号，如图 3-38 所示。

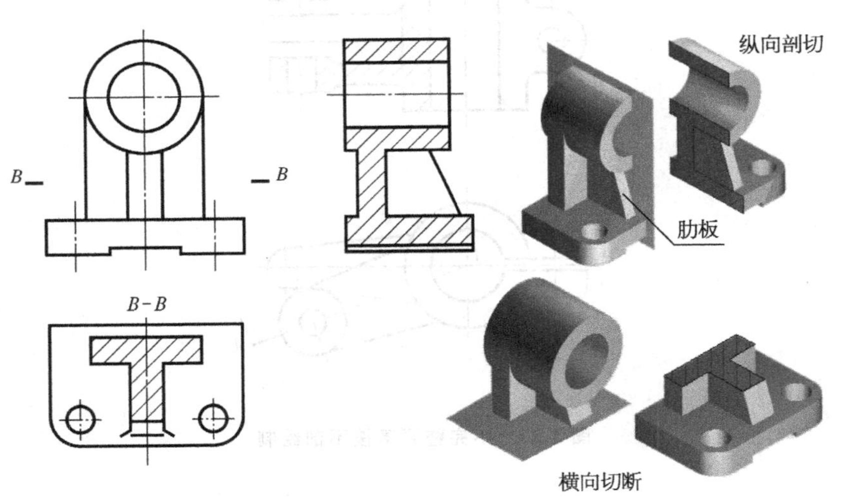

图 3-38 剖视图的规定画法

当剖切平面通过肋板、辐条的基本轴线(即纵向)时，剖视图中辐条部分不画剖面符号，且不论肋板、辐条数量是奇数还是偶数，在剖视图中要按对称的画出，如图 3-39 所示。

(2) 在不致引起误解时，对称机件的视图可只画一半或四分之一，并在对称线的两端画出对称符号(两条与其垂直的平行细实线)，如图 3-40 所示。

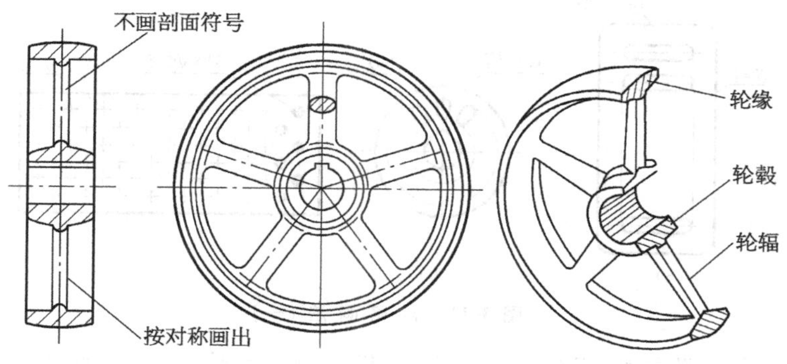

图 3-39　剖视图中辐条的画法

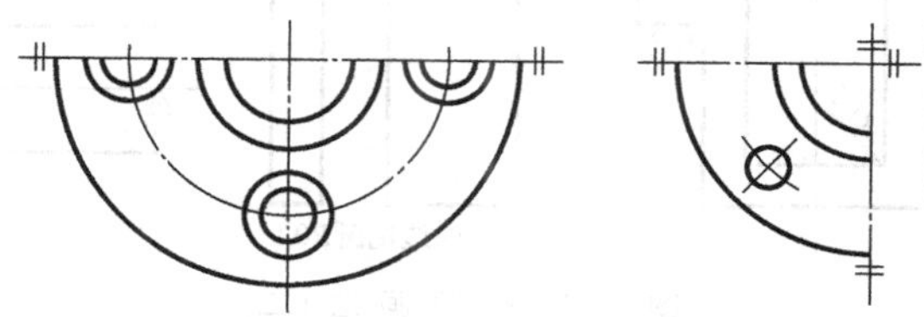

图 3-40　对称图形的画法

(3) 较长的机件(轴、杆、型材、连杆等)沿长度方向的形状一致或按一定规律变化时，可断开后(缩短)绘制，其断裂边界可用波浪线绘制，也可用双折线或细双点画线绘制，如图 3-41 所示，但在标注尺寸时，要标注零件的实长。

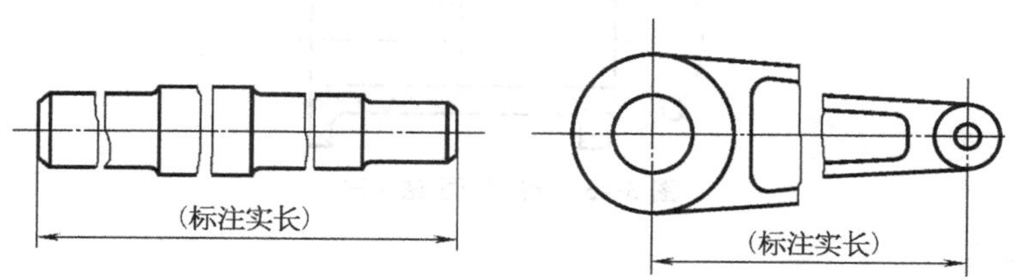

图 3-41　较长机件的断开画法

(4) 当图形不能充分表达平面时，可用平面符号(交叉的两条细实线)表示，如图 3-42 所示。

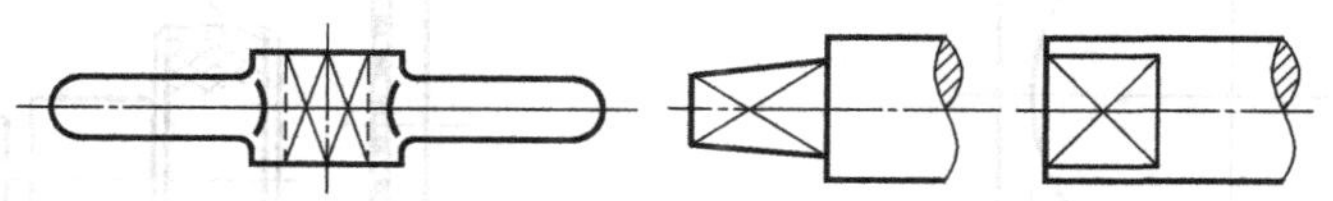

图 3-42　用符号表示平面的画法

2. 省略画法

(1) 当机件具有若干相同结构(齿、槽、孔等)，并按一定规律分布时，只需画出几个完整的结构，其余用细实线联接，但在零件图中注明该结构的总数，如图 3-43 所示。

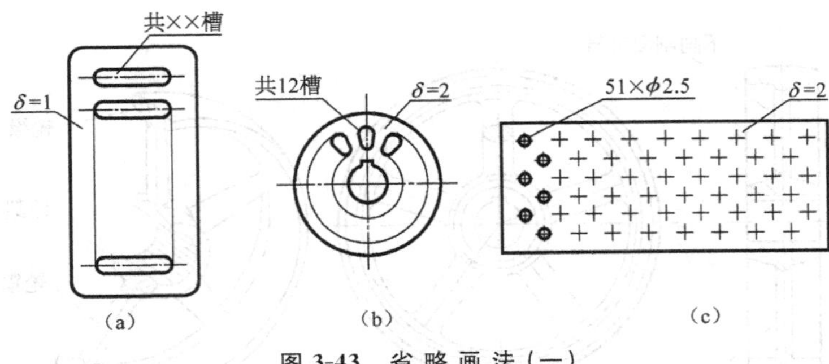

图 3-43　省略画法（一）

(2) 在不致引起误解时，零件中的小圆角、锐边的小倒圆或 45°倒角允许省略不画，但必须在尺寸或技术要求中加以说明，如图 3-44 所示。

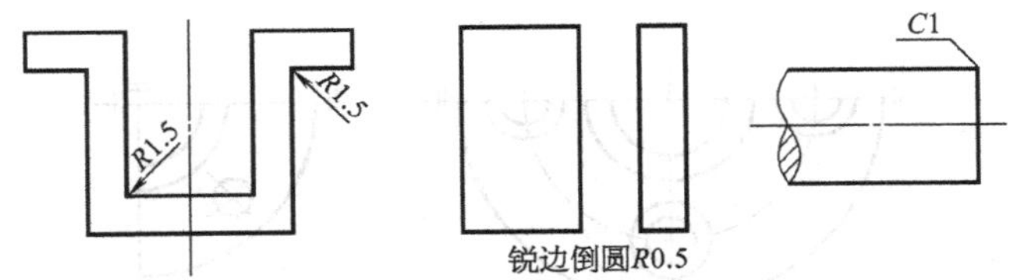

图 3-44　省略画法（二）

(3) 圆柱形法兰和类似零件上均匀分布的孔可按图 3-45 所示绘制。

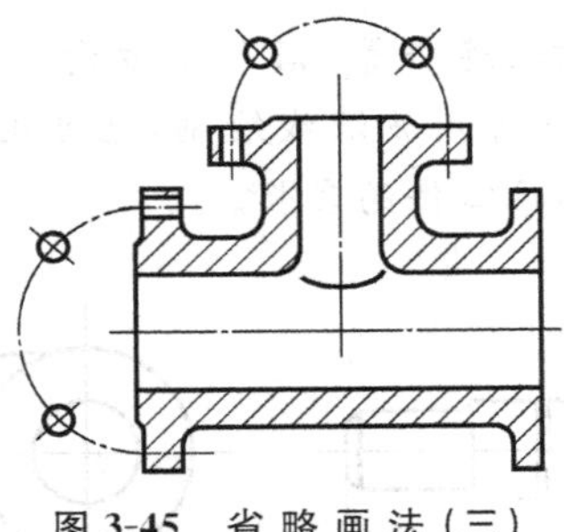

图 3-45　省略画法（三）

3. 示意画法

网状物、编织物或机件上的滚花部分，可以在轮廓线附近示意地画出这些结构，并在零件图上或技术要求中注明这些结构的具体要求，如图 3-46 所示。

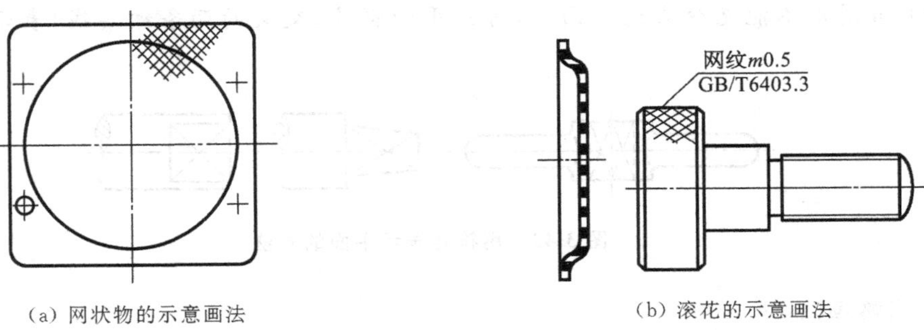

(a) 网状物的示意画法

(b) 滚花的示意画法

图 3-46　示意画法

2. 其他视图

用左视图或右视图来表达轮盘上联接孔或轮辐、筋板等的数目和分布情况。用局部视图、局部剖视、断面图、局部放大图等作为补充。

图 3-32 所示法兰盘除主视图外，还选用一个左视图反映法兰盘外形轮廓和孔、槽分布位置及形状。图 3-33 所示方向轮除主视图外，还选用一个左视图反映端面，一个移出断面图反映辐条断面形状，一个局部放大图反映轮缘断面形状。

知识点 局部放大图

机件上有些部位结构太细小，在视图中表达不清晰，同时也不便于标注尺寸。对这种细小结构，可用大于原图形的比例绘出，并将它们放置在图纸的适当位置，这种图称为局部放大图，如图 3-47。局部放大图可以画成视图、剖视图和断面图，它与被放大部位的表达方法无关。

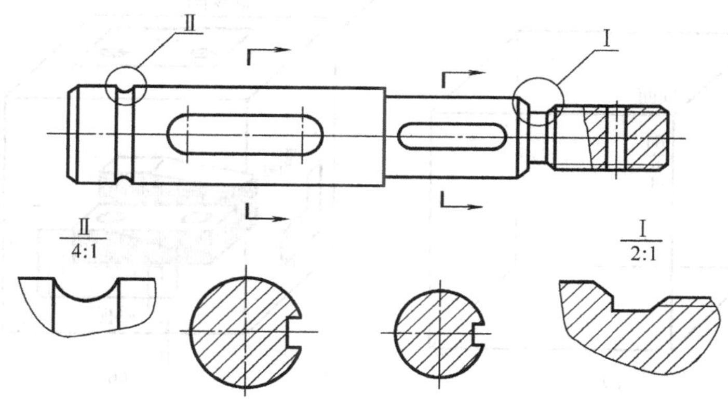

图 3-47　局部放大图及标注

局部放大图必须标注，标注方法是：在视图上画一细实线圆，标明放大部位，在放大图的上方注明所用的比例，即图形大小与实物大小之比(与原图上的比例无关)。当机件上有几处被放大的部位时，必须用罗马数字依次标明被放大的部位，并用细实线的圆圈出被放大部位，在相应的局部放大图的上方标出相同的罗马数字和所采用的比例，如图 3-47 所示。

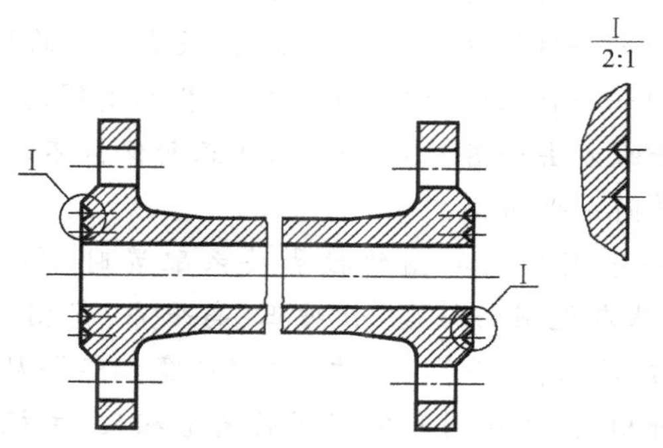

图 3-48　机件上不同部位的局部放大图及标注

当在同一机件上，有不同的部位得到相同的局部放大图时，只需绘制一个局部放大图，标注形式如图 3-48 所示。

知识点 基本视图和向视图

1. 基本视图

当机件的构形复杂时，为了完整、清晰地表达机件各方面的形状，《机械制图》国家标准规定，在原有三个投影面的基础上，再增设三个投影面，构成一个正六面体，如图 3-49a 所示。该六面体称六面投影体系，六个投影面称为基本投影面。将机件置于六面投影体系中，分别向六个基本投影面投影，即在主视图、俯视图、左视图的基础上，从右向左投影又得到了右视图、从下向上投影又得到了仰视图和从后向前投影又得到了后视图（图 3-49b），这六个视图称为基本视图。

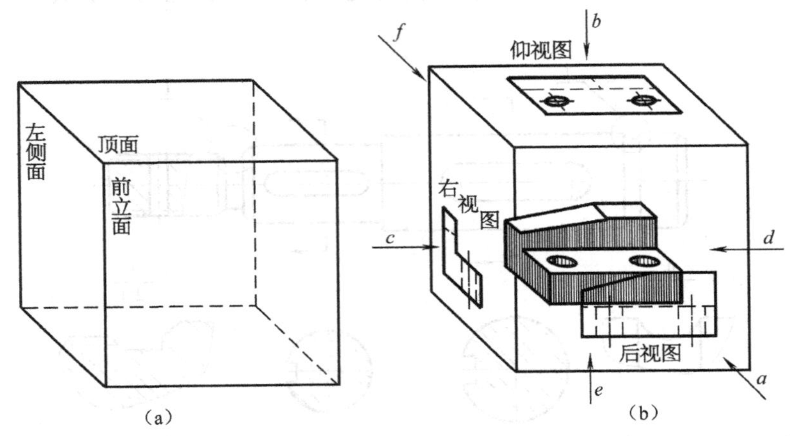

图 3-49　六个基本视图

主视图（或称 A 视图）——自机件的前方（a 方向）投影所得的视图；
俯视图（或称 B 视图）——自机件的上方（b 方向）投影所得的视图；
左视图（或称 C 视图）——自机件的左方（c 方向）投影所得的视图；
右视图（或称 D 视图）——自机件的右方（d 方向）投影所得的视图；
仰视图（或称 E 视图）——自机件的下方（e 方向）投影所得的视图；
后视图（或称 F 视图）——自机件的后方（f 方向）投影所得的视图。

六个基本投影面展开的方法如图 3-50a 所示，即正面保持不动，其他投影面按箭头所示方向旋转到与正面共处在同一平面。

六个基本视图在同一张图样内按图的投影关系配置时，各视图一律不注图名，如图 3-50b 所示。绘图时六个基本视图仍符合“长对正、高平齐、宽相等”的投影规律，即主、俯、仰、后“长对正”；主、左、右、后“高平齐”，俯、左、右、仰“宽相等”；从图 3-50b 中可以看出，左视图和右视图的图形正好相反，俯视图和仰视图的图形相反，主视图和后视图的图形相反。同时从图中还可以看出机件的前后、左右、上下的方位关系。

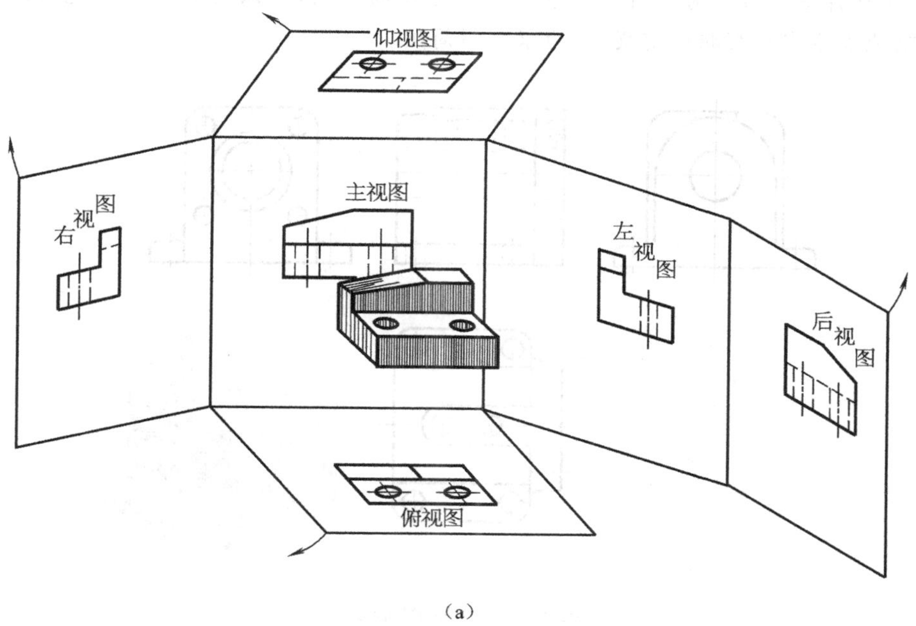

（a）

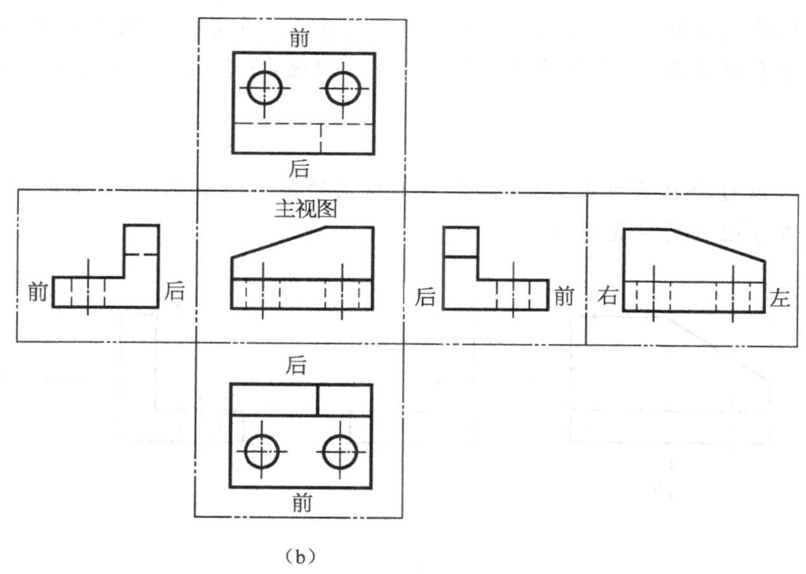

（b）

图 3-50　六个基本视图的展开

将机件向基本投影面投影所得的视图，称为基本视图。

国家标准规定：绘制技术图样时，应首先考虑看图方便，还应根据机件形状的复杂程度和结构特点，选择必要的基本视图，视图一般只画出机件的可见部分，不可见的虚线部分一般不表示，必要时才画出其不可见部分。

如图 3-51 所示的阀体的表达，由于左、右两面的形状不同，如果只用左视图表示，左视图上就会出现许多虚线。为了清楚地表达阀体右面的形状，所以增加一个右视图。这样在完整、清晰地表示零件形状的前提下，力求制图简便。

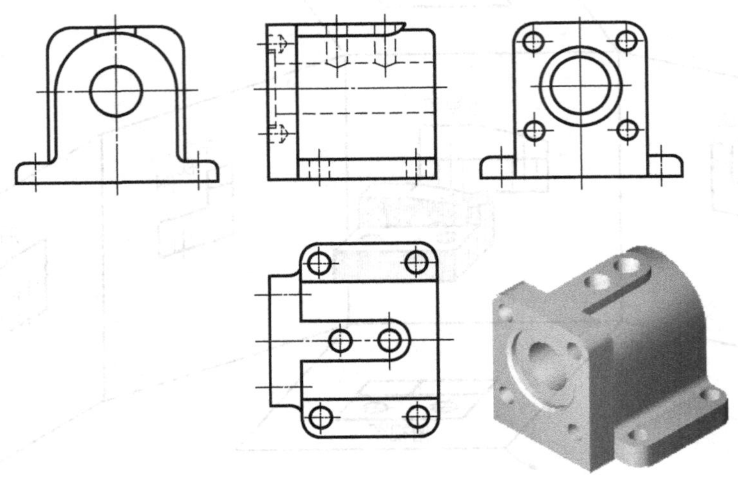

图 3-51 阀体的表达

在绘制机械图样时，一般情况下是不需要将零件的六个基本视图全部画出，而是根据机件的结构特点和难易程度，选择适当的基本视图。但是，在表达零件时可优先采用主、俯、左视图。

2. 向视图

向视图是可以自由配置的基本视图，是基本视图的另一种表达形式。向视图与基本视图的区别主要在于配置的位置不同。

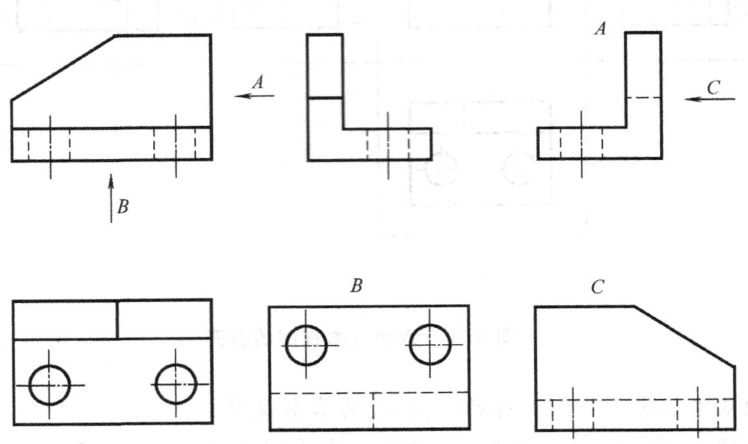

图 3-52 向视图表达形式

在实际绘图过程中，有时难以将六个基本视图按图 3-50 展开后的固定位置配置时，可采用向视图的形式配置，即如图 3-49b 中 a、b、c、d、e、f 中的某一个基本视图，在视图附近用箭头指明投影方向，标注字母，然后按图 3-52 所示配置，在视图的上方标注相应的字母“×”(×为大写拉丁字母)。

图 3-53 为一钳工技能操作零件图。零件为箱盖，材料用铸铁(牌号 HT150)，铸造后人工时效处理。零件以水平摆放、反映箱盖厚度的视图作为主视图，采用阶梯剖剖开绘制，表达了箱盖上沉孔、螺纹孔、锥销孔和主轴孔的内部结构，左视图表达了箱盖零件端面形状：带有四个圆角的方形结构和沉孔、螺纹孔、锥销孔的分部情况，零件高度、宽度方向的尺寸以箱盖这两方向对称中心线即沉孔的轴线，标注有零件高、宽方向的尺寸：高×宽＝270×230，螺纹孔的定位尺寸 $\phi86$，锥销孔的定位尺寸 234、194，沉孔的定位尺寸 20、18 等；主视图上标注了零件表面粗糙度要求，沉孔内的表面粗糙度为$\stackrel{12.5}{\bigtriangledown}$，锥销孔内表面粗糙度为$\stackrel{3.2}{\bigtriangledown}$，箱盖左端面表面粗糙度为$\stackrel{12.5}{\bigtriangledown}$，右端面和主轴孔内表面为配合面，表面粗糙度要求较高，为$\stackrel{3.2}{\bigtriangledown}$；主轴孔轴线以箱盖右端面为基准，垂直度公差为 $\phi0.05$，主轴孔尺寸为重要尺寸，有公差要求，最大极限尺寸为 $\phi72.03$，最小极限尺寸为 $\phi72.00$。

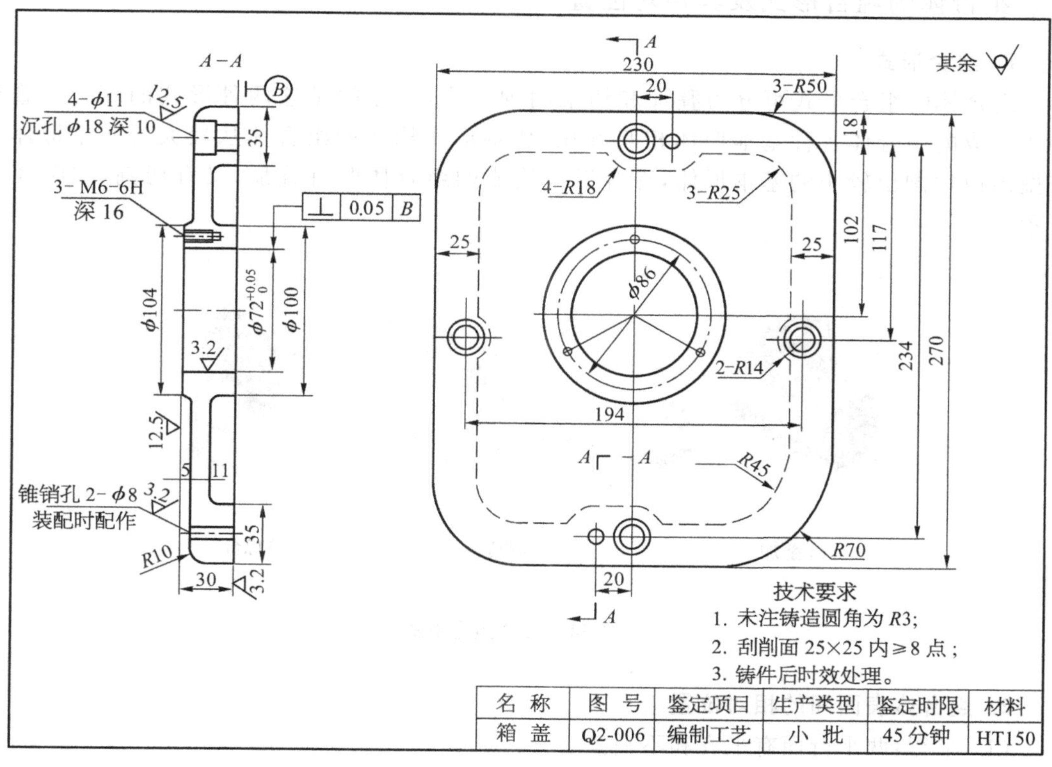

图 3-53　钳工技能操作零件

§3.4 考核建议

职业技能考核				职业素养考核			
是否完成	完成情况			安全	卫生	合作	……
	要求1	要求2	……				

§3.5 知识拓展

一、组合体的组合形式及其相对位置

1. 组合形式

组合体的组合形式可分为叠加和切割两种形式，常见的是这两种形式的综合。叠加形式构成的组合体各种基本形体相互堆积，切割形式构成的组合体从较大的基本形体中挖掘出或切割出较小的基本形体，综合形式构成的组合体既有叠加，又有切割，如图 3-54 所示。

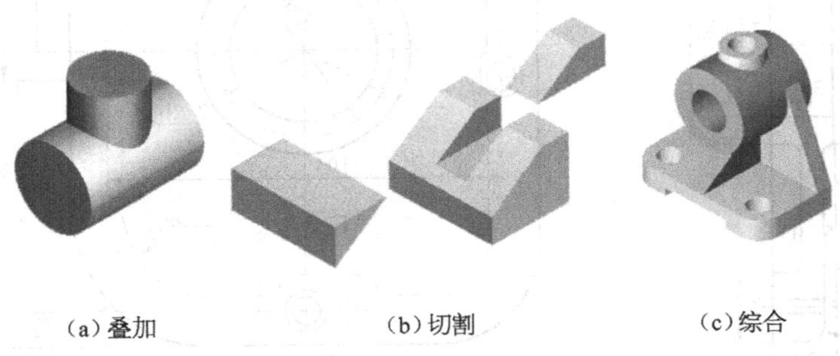

(a) 叠加　(b) 切割　(c) 综合

图 3-54　形体组合形式

2. 组合体表面间的相对位置

(1) 平行：两平行面有平齐和不平齐之分。

- 两表面不平齐：两表面不平齐，联接处应有分界线，如图 3-55a 所示；
- 两表面平齐：两表面平齐，联接处无分界线，如图 3-55b 所示。

(2) 相交：在相交处有交线，如图 3-56 所示。

(3) 相切：相切处一般不应画线，如图 3-57 所示。

曲面与曲面相切，其相切处何时画线（粗实线或虚线），何时不画线，如图 3-58 所示。

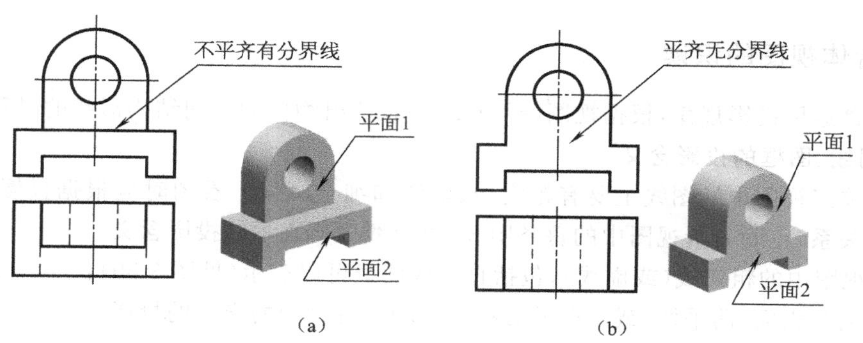

图 3-55　两形体表面平行

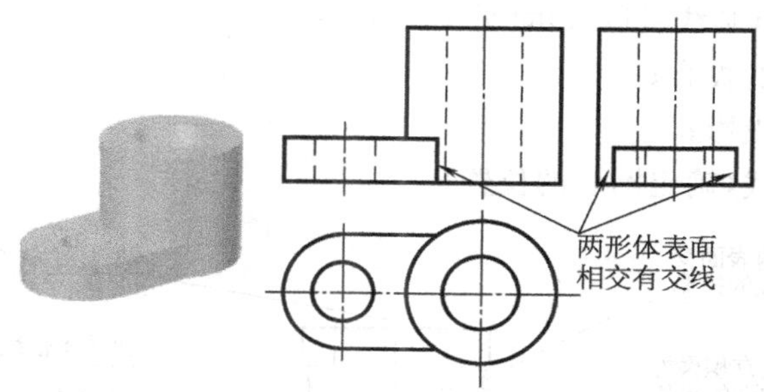

图 3-56　两形体表面相交

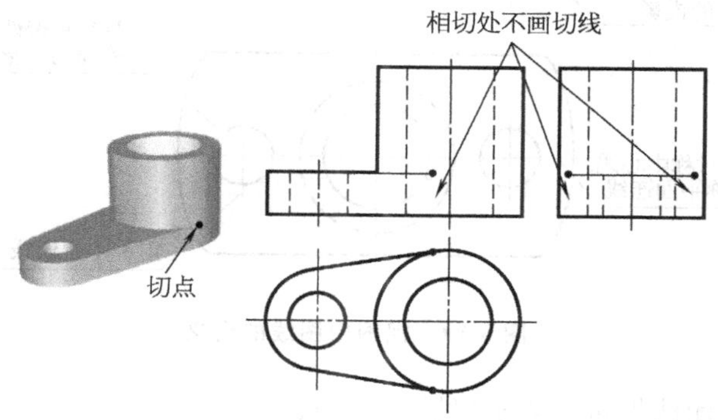

图 3-57　两形体表面相切

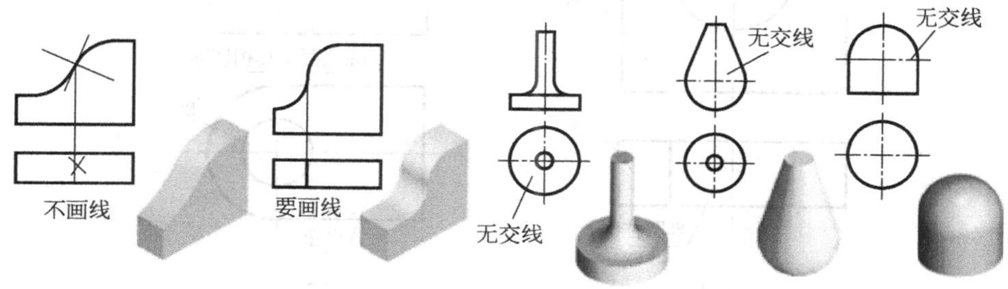

图 3-58　曲面与曲面相切

二、组合体视图的识读

读图是运用投影规律，根据视图（平面图形）想象出物体的空间结构形状的过程。

1. 图线、图框的投影含义

组合体三视图中的图线主要有粗实线、虚线和细点画线。看图时应根据投影原理和三视图投影关系，正确分析视图中的每条图线、每个线框所表示的投影含义。

（1）视图中的粗实线（或虚线），包括直线或曲线可以表示（见图 3-59）：

- 表面与表面（两平面、或两曲面、或一平面和一曲面）的交线的投影；
- 曲面转向轮廓线在某方向上的投影；
- 具有积聚性的面（平面或柱面）的投影。

（2）视图中的细点画线可以表示（见图 3-59）：

- 对称平面积聚的投影；
- 回转体轴线的投影；
- 圆的对称中心线（确定圆心的位置）。

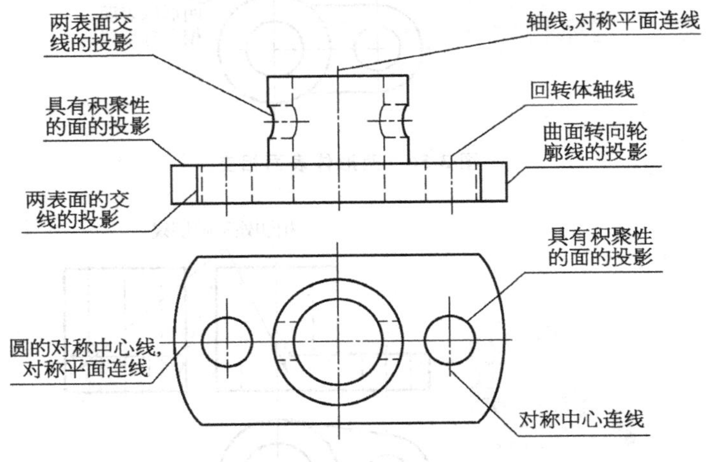

图 3-59　视图中图线的含义

（3）视图中的封闭线框可以表示（见图 3-60）：

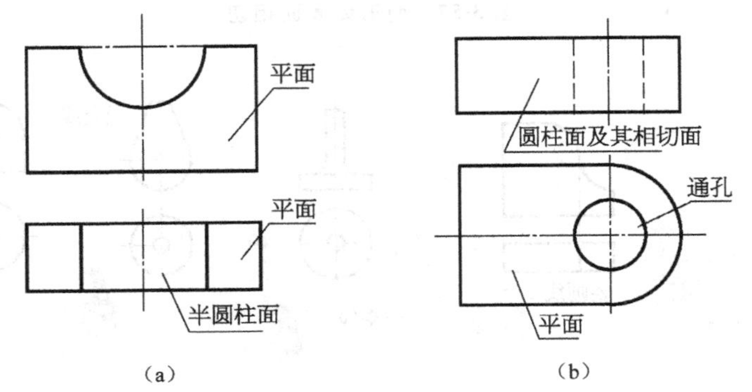

图 3-60　视图中线框的含义

- 一个面(平面或曲面)的投影;
- 曲面及其相切面(平面或曲面)的投影;
- 凹坑、或圆柱通孔积聚的投影。

视图上相邻线框可以代表相交的两面或错开的两表面，视图上相套两封闭线框里面的小线框是通孔或凸台。

2. 看图注意要点

(1) 三个视图联系:在一般情况下，一个视图是不能完全确定物体的形状的，如图 3-61 所示的四组视图，其形状各异，但它们的主视图完全相同。有时，两个视图也不能完全确定物体的形状，图 3-61 中 a 和 c、b 和 d 的主视图、左视图完全相同，但由于俯视图不同，所以，这四组三视图表达了四个不同的形体。由此可见，看图时必须把所给出的几个视图联系起来看，才会准确地想象出物体的形状。

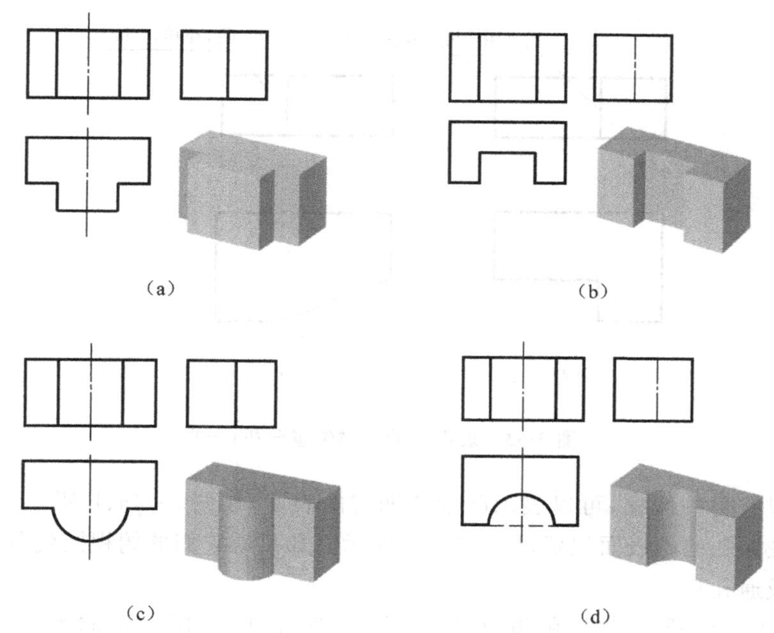

图 3-61　几个图联系起来想象物体的形状

(2) 要先从反映形体特征明显的视图(通常为主视图)看起，再与其他视图联系起来，形体的形状才会识别出来。

所谓反映形体特征是指反映形体的形状特征和位置特征较明显，如只看图 3-62a 的主视图、俯视图，物体上的 I 和 II 两部分哪个凸出，哪个凹进，无法确定，可能是图 3-62b 或 c 所示的形状，而左视图就明显反映了位置特征，将主、左两个视图联系起来看，就可惟一判定是图 3-62c 所示的形状。

(3) 要分析、认清表面间的相对位置:

- 当相邻两线框表示不共面、不相切的两个不同位置表面时，其两线框的分界线可以表示具有积聚性的第三表面积聚成的线(直、曲)或两表面(平平、曲曲、平曲)的交线，如图 3-63 所示;

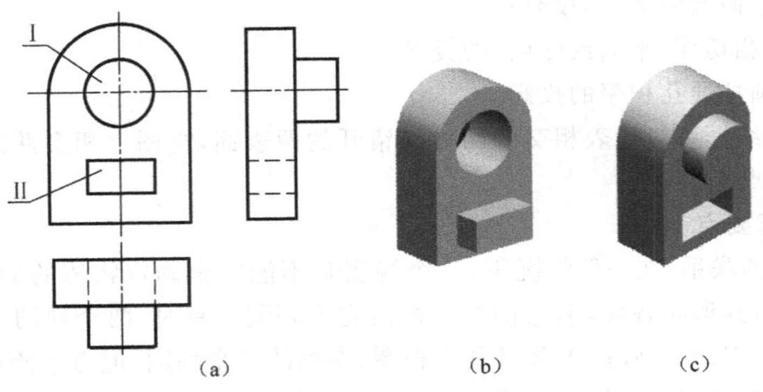

图 3-62　从反映形体特征明显的视图看起

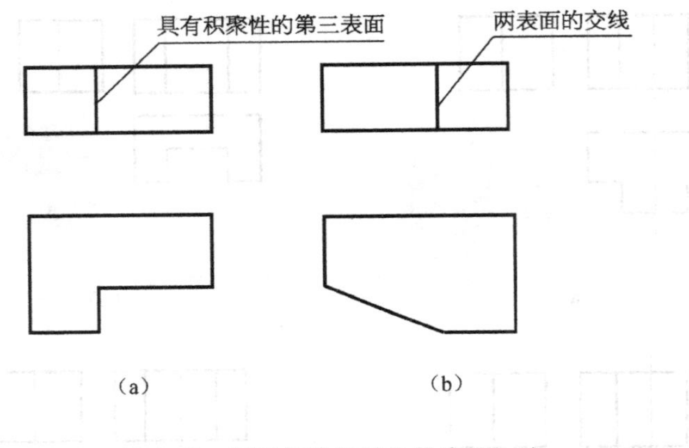

图 3-63　表面间的相对位置分析(一)

• 线框里有另一线框，可以表示凸起或凹进的表面，如图 3-64a、b 所示，也可表示具有积聚性的圆柱通孔的内表面积聚，如图 3-64c 所示。如只看它们的俯视图就分辨不出哪个是凸起或凹进或通孔；

• 线框边上有开口线框和闭口线框，分别表示通槽（图 3-65a）和不通（盲）槽（图 3-65b）。

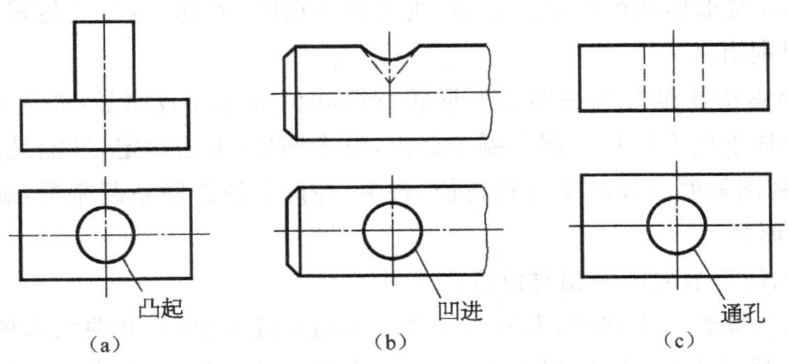

图 3-64　表面间的相对位置分析(二)

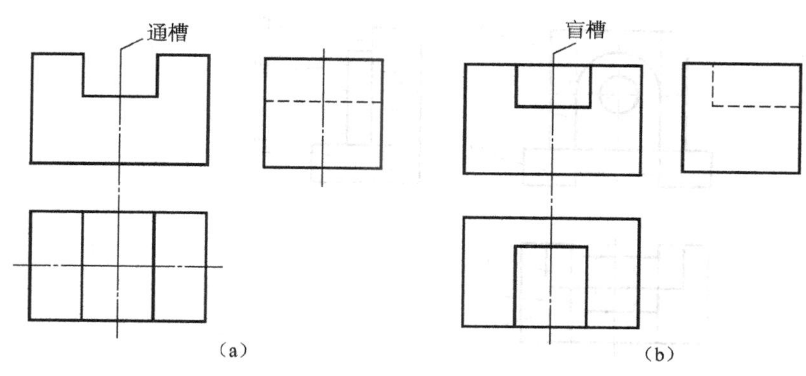

图 3-65　表面间的相对位置分析(三)

3. 形体分析法看图

把一个组合体分解成若干个基本形体或部分，弄清各部分的形状、相互位置和组合形式，以达到了解整体的目的，这种思考方法称为形体分析法。

从形体出发，在视图上分线框，根据三视图基本投影规律和基本形体的三视图，从图上逐个识别出基本形体的形状和相互位置，再确定它们的组合形式及其表面的相对位置，综合想象出组合体的形状，看图步骤如图 3-66 所示。

(1) 线框对投影：先看主视图，并将主视图划分成三个线框 1′、2′、3′，联系其他两视图，并在俯视图上找出其对应线框 1、2、3，左视图上找其对应线框 1″、2″、3″。按投影规律找出基本形体投影的对应关系，想象出该组合体可分为三部分，立板Ⅰ、凸台Ⅱ、底板Ⅲ，如图 3-66a 所示。

(2) 形体定位置：根据每一部分的三视图，逐个想象出各部分的形状和位置，如图 3-66 b～d 所示。

(3) 合起来想整体：每个部分(基本形体或其简单组合)的形状和位置确定后，整个组合的形式也就确定了，如图 3-66e 所示。

4. 用线面分析法看图

线面分析法就是把组合体分析为若干个面围成，逐个根据面的投影特性确定其空间形状和相对位置，并判别各交线的空间形状和相对位置，相辅相成，从而想象出组合体的形状。线面分析法看图的要点是要善于利用面及其交线投影的性质(真实性、积聚性、类似性)看图。

组合体可以看成是由若干个面(平面或曲面)围成，面与面间常存在交线。从某一视图(一般先从主视图开始，必要时可再从别的视图开始)上划分线框，根据投影规律，从另两视图上找出其对应的线框或图线，从现时得知所表示的面的空间形状及其对投影面的相对位置。

从图 3-67a 压块视图可知，它是由原始形四棱柱被切割而成的。由主视图联系其他视图可以想象出，压块左上方的缺角是正垂面切割而成的。由俯视图联系其他视图可以想象出，压块左方前、后对称的缺角是分别用两个铅垂面对称切出的，由左视图联系其他视图，可以想象出压块下方前、后对称的缺块是分别用正平面和水平面切出的，具体的分析方法步骤如下：

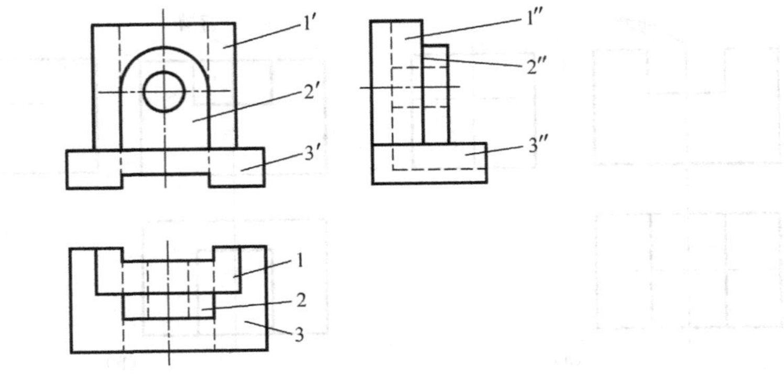

(a)分线框对投影

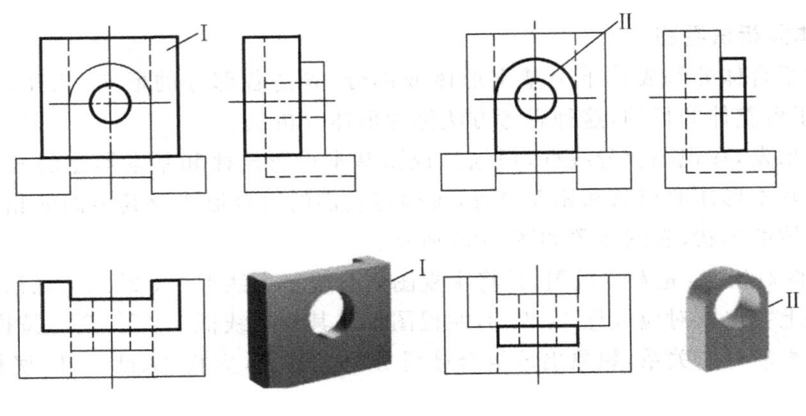

(b)想立板(Ⅰ)形状　　(c)想凹台(Ⅱ)形状

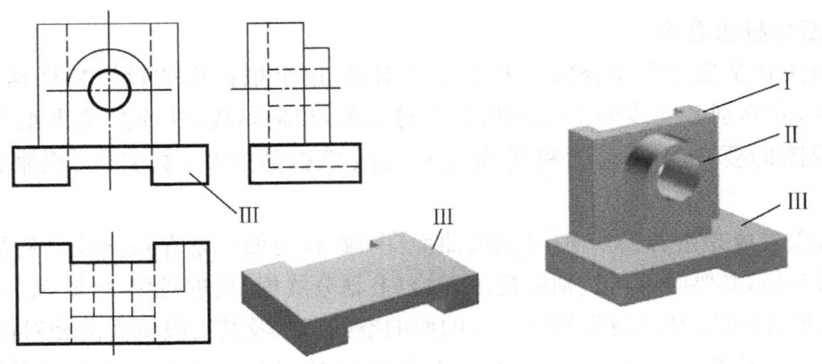

(d)想底板(Ⅲ)形状　　(e)结合想象支撑架整体形状

图 3-66　形体分析法看图

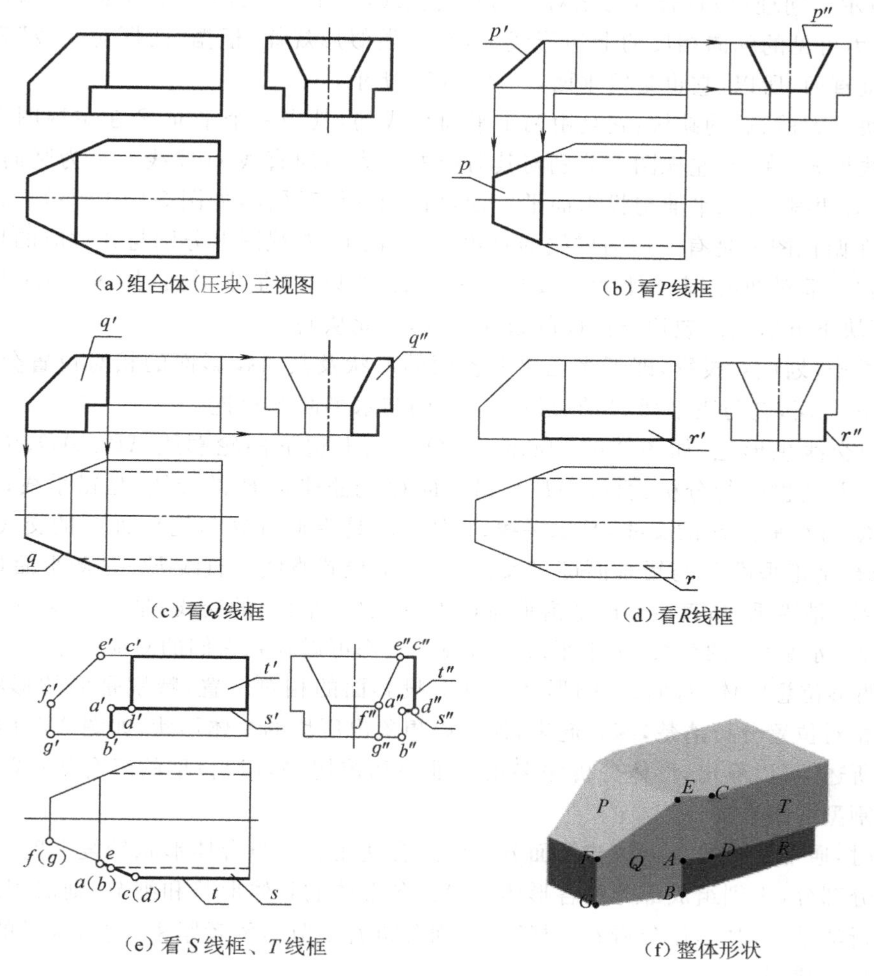

(a)组合体(压块)三视图　(b)看P线框

(c)看Q线框　(d)看R线框

(e)看S线框、T线框　(f)整体形状

图 3-67 线面分析法看图

(1) 分线框识面形：从面的角度分线框，是为了识别面的形状及其对投影面的相对位置。由直线、平面的投影规律可知：凡"一框对两线"，则表示平面为投影面平行面；"两框对一线"，则表示平面为投影面垂直面；"三框相对应"，则表示平面为一般位置平面。投影面垂直面和一般位置平面的三个投影中都具有类似性的对应线框，其对应的线框呈类似形。所谓类似形，即对应的两线框的边数相等，朝向相同(均可见的两线框或均不可见的两线框对应时)或朝向相反(一为可见，一为不可见的两线框对应时)。熟记这一规律，可以很快地识别两视图上遥遥相对的线框是否真的对应，从而弄清每一线框的空间形状和空间位置。

- 压块左上方的缺角：主视图上的投影为一斜向直线 p'、俯视图上与其对应的为一可见的等腰梯形线框 p，左视图上与其对应的亦为一可见的朝向相同的等腰梯形线框 p''，符合类似形规律，根据"两框对一线"表示投影面垂直，可知平面 p 为正垂面，如图 3-67b 所示；
- 压块左方前、后对称的缺角：从俯视图上看是一处于前方的斜向直线 q，主视图上与其对应的为一可见的七边形线框 q'，左视图上与其对应的亦为一可见的朝向相同的七边形线框 q''，符合类似形规律，根据"两框对一线"表示平面与投影面垂直，可知平面 Q 为铅垂面，如

图 3-67c 所示。同理可知,后方与之对称的斜向直线,在主、左视图上分别与其对应的一为不可见的、一为可见的朝向相反的七边形线框,符合类似形规律,根据“两框对一线”表示平面与投影面垂直面,所以,它也是铅垂面,如图 3-67c 所示;

• 压块下方前、后的缺块:它是由两个平面切成的,其中一个平面 R 在主视图上为一可见的矩形线框 r',在俯、左视图上分别与其对应的一为横向直线 r(虚线),一为竖向直线 r'',根据“一框对两线”表示平面与投影面平行面,所以它是正平面,如图 3-67d 所示。其中另一个平面 S 在俯视图上是有一边为虚线的直角梯形,在主、左视图上分别与其对应的均为横向直线,根据“一框对两线”表示平面与投影现平行面,所以,它是水平面,如图 3-67e 所示。同理可知,压块下方后面的缺块与前面的缺块对称,在此从略。

依此类推,划框对投影,即可将压块上各面的形状及其对投影面的相对位置分析清楚,如面 T 是正平面,它与正平面 R 前、后错开,中间与水平面 S 相连。

(2) 识交线想形位:如图 3-67e 所示,以 Q 面的七边形的轮廓线 AB、AD、CD、EF、FG、GB、CE 为例时行分析:直线 AB 是铅垂面 Q 与正平面 R 的交线,是铅垂线;直线 AD 是铅垂面 Q 与水平面 S 的交线,是水平线;直线 CD 是铅垂面 Q 与正平面 T 的交线,是铅垂线;直线 EF 是正垂面 P 与铅垂面 Q 的交线,是一般位置直线。直线 EG 是侧平面 U 与铅垂面 Q 的交线,是铅垂线;直线 GB 是铅垂面 Q 与底面(水平面)的交线,是水平线; CE 是铅垂面 Q 与顶面(水平面)的交线,是水平线。从视图上都可以找到它们的对应关系。

(3) 明形位想整体:将面、线的形状及其对投影面的相对位置,特别是面的形状及其对投影面的相对位置分析清楚,综合起来,便可以想象出压块的整体形状,如图 3-67f 所示。

综上所述,可以看出,形体分析法多用于堆叠和挖切(非切割)型的组合体;线面分析法多用于切割型的组合体。

看图时,通常是形体分析法与线面分析法配合使用。当组合体形状较复杂时,可先用形体分析法分部分,识别组成部分的各形体;然后,各形体的具体形状和细节,则需用线面分析法才会分析清楚。即“形体分析看大概”,“线面分析看细节”,两者紧密配合,这样的实例,后续内容中将会遇到。

§3.6 想一想、议一议

1. 两立体相交所得之交线称为(　　)。

(a) 截交线;　　(b) 相贯线;　　(c) 过渡线

2. 底面平行于 W 面的正四棱锥,被一正垂面切断四条侧棱,其截交线的空间形状为(　　)。

(a) 一条直线;　　(b) 三角形;　　(c) 梯形;　　(d) 平行四边形

3. 轴线垂直于 H 面的圆柱被一正垂面斜切,其截交线的空间形状为(　　)。

(a) 圆;　　(b) 矩形;　　(c) 椭圆;　　(d) 一斜直线

4. 与 H 面呈 45°的正垂面 P,截切一轴线为铅垂线的圆柱,截交线的侧面投影是(　　)。

(a) 圆;　　(b) 椭圆;　　(c) 二分之一圆;　　(d) 抛物线

5. 两圆柱等径正交,相贯线的空间形状为(　　)。

(a) 相交的两斜直线；　　(b) 两空间曲线；
(c) 两个垂直相交的椭圆；　　(d) 一椭圆
6. 读零件图的目的是(　　)。
(a) 了解标题栏的内容；　　(b) 明确零件的技术要求；
(c) 弄清零件的形状和大小；　　(d) 以上三项
7. 局部剖视图中的波浪线表示的是(　　)。
(a) 假想机件的断裂痕迹；　　(b) 剖视图的轮廓线；
(c) 局部剖视图的标记；　　(d) 剖面符号
8. 阶梯剖视图所用的剖切平面是(　　)。
(a) 一个剖切平面；　　(b) 两个相交的剖切平面；
(c) 两个剖切平面；　　(d) 几个平行的剖切平面
9. 阶梯剖视图中，相邻剖切平面间转折面的投影应(　　)。
(a) 用粗实线画出；　　(b) 用细实线画出；
(c) 用虚线画出；　　(d) 不应画出
10. 画局部视图时，一般应在基本视图上标注出(　　)。
(a) 投影方向；　　(b) 名称；
(c) 不标注；　　(d) 投影方向和相应字母
11. 斜视图的投影面是(　　)。
(a) 不平行于任何基本投影面的辅助平面；
(b) 基本投影面；
(c) 水平投影面；
(d) 正立投影面
12. 斜视图转正画出，标注中的弧状箭头应(　　)。
(a) 没有指向；　(b) 指向字母；　(c) 指向图形；　(d) 与实际旋向一致
13. 局部视图与斜视图的实质区别是(　　)。
(a) 投影部位不同；　　(b) 投影面不同；
(c) 投影方法不同；　　(d) 画法不同
14. 零件图尺寸标注的基本要求中“合理”一项是指(　　)。
(a) 所注尺寸符合设计要求；
(b) 所注尺寸符合工艺要求；
(c) 所注尺寸既符合设计要求，又方便加工和检验；
(d) 尺寸从设计基准直接注出
15. 零件尺寸的设计基准和工艺基准(　　)。
(a) 始终重合；　　(b) 只能重合一次；
(c) 始终不重合；　　(d) 可能重合也可能不重合
16. 标注零件尺寸时，尺寸配置形式不可以配置为(　　)。
(a) 链式；　(b) 坐标式；　(c) 封闭链式；　(d) 综合式
17. 在公差带图中，用来确定公差带相对零线位置的极限偏差称为(　　)。
(a) 上偏差；　(b) 下偏差；　(c) 公差；　(d) 基本偏差

18. 在同一尺寸下，尺寸精度程度越高，则(　　)。

(a) 公差等级越高，标准公差数值越小；(b) 公差等级越低，标准公差数值越大；

(c) 公差等级越高，标准公差数值越大；(d) 公差等级越低，标准公差数值越小

19. 常用的尺寸公差标注形式有(　　)。

(a) 1 种；　　(b) 2 种；　　(c) 3 种；　　(d) 4 种

20. 零件图中有四个表面的表面粗糙度的 Ra 值分别为 1.6、3.2、6.3、100，其要求最高的是(　　)。

(a) 1.6；　　(b) 6.3；　　(c) 3.2；　　(d) 100

21. 表面粗糙度参数越小，则表面就(　　)。

(a) 越光滑，越容易加工；　　(b) 越光滑，越难加工；

(c) 越粗糙，越容易加工；　　(d) 越粗糙，越难加工

22. 表面粗糙度符号"√"表示(　　)。

(a) 表面是用去除材料的方法获得；

(b) 表面应保持原供应状况；

(c) 表面是用不去除材料的其他方法获得；

(d) 表面是用任何方法获得

23. 在标注表面粗糙度时，符号一般应(　　)。

(a) 保持水平，尖端指向下方；　　(b) 保持垂直，尖端指向左或右方；

(c) 使尖端从材料外指向表面；　　(d) 使尖端从材料内指向表面

24. 在形位公差标注中，当被测要素为轮廓要素时，指引线箭头应指在可见轮廓线或其延长线上，其位置应与尺寸线(　　)。

(a) 对齐；　　(b) 明显错开；

(c) 对齐或错开；　　(d) 保持两倍字高距离

25. 在形位公差标注中，如果被测范围仅为被测要素的某一部分，应该用什么线画出其范围(　　)。

(a) 细实线；　　(b) 双点画线；　　(c) 波浪线；　　(d) 粗点画线

26. 表达盖类零件形状一般需要(　　)。

(a) 一个基本视图；　　(b) 二个基本视图；

(c) 三个基本视图；　　(d) 四个基本视图

27. 读盘盖类零件图时，判定哪个视图为主视图的原则是(　　)。

(a) 反映轴线实长的视图；　　(b) 反映圆轮廓的视图；

(c) 图纸右边的视图；　　(d) 图纸左边的视图

28. 旋转剖视图中的箭头方向表示(　　)。

(a) 应旋转后投影；　　(b) 不画其投影；

(c) 不旋转直接投影；　　(d) 旋转后用虚线表示其投影

29. 六个基本视图(　　)。

(a) 只标注后视图的名称；　　(b) 标出全部移位视图的名称；

(c) 都不标注名称；　　(d) 不标注主视图的名称

30. 下列能表示出机件上下和前后方位的视图是(　　)。

(a) 主视图；　(b) 后视图；　(c) 左视图；　(d) 仰视图

31. 向视图与基本视图的区别是(　　)。

(a) 不向基本投影面投影；　(b) 按投影关系配置，但注出视图名称；
(c) 不按投影关系配置；　(d) 仅将机件的一部分投影

32. 选择组合体主视图的投影方向时，应(　　)。

(a) 尽可能多地反映组合体的形状特征及各组成部分的相对位置；
(b) 使它的长方向平行于正投影面；
(c) 使其他视图呈现的虚线最少；
(d) 前三条均考虑

33. 阅读组合体三视图，首先应使用的读图方法是(　　)。

(a) 线面分析法；　(b) 形体分析法；
(c) 线型分析法；　(d) 综合分析法

34. 阅读组合体视图中形体较复杂的细部结构时，要进行(　　)。

(a) 形体分析；　(b) 线面分析；
(c) 投影分析；　(d) 尺寸分析

项目四　轴系零件拆卸

§4.1　能力目标

一、知识要求

（1）知道零件上的机械加工工艺结构。
（2）了解齿轮类型、功用、基本参数、常用材料。
（3）了解键联接的结构、作用、平键的标记。
（4）理解断面图概念。
（5）了解滚动轴承的组成、作用及代号。
（6）了解轴套类零件的结构特点。
（7）知道正等测、斜二测轴测图。

二、技能要求

（1）正确拆卸轴系零件并复位。
（2）会应用局部视图、断面图、剖视图表达方法。
（3）会识别普通平键类型，会选择键的尺寸。
（4）会识读齿轮、键联接、轴承画法。
（5）会识别常用滚动轴承的类型。
（6）能识读轴套类零件图。
（7）会识读零件尺寸公差、形位公差。
（8）会画轴测图。
（9）能进行安全文明操作。

§4.2　材料、工量具及设备

顶头等拆装工具、测量工具、清洗和润滑工具，减速器，减速器从动轴零件图。

§4.3　学习内容

活动 1　拆卸轴系

转动减速器输入轴，观察两轴转动方向和转速，认识减速器的工作原理。取下减速器主动轴和从动轴装配体，观察轴系装配体结构、组成，选用合适的工具按图 4-1 所示正确拆卸轴系装配体。

一、认识减速器的工作原理

如图 4-1 所示，减速器是通过一对大小不同的齿轮啮合传动的。电动机的动力通过键连结传给减速器上的齿轮轴，再通过齿轮轴上的小齿轮与大齿轮的啮合，把动力传给大齿轮，然后通过键传与轴连结，轴上的键与工作机连结，把动力传给工作机。动力从小齿轮传递给大齿轮，小齿轮轴齿数比大齿轮轴齿数少，所以小齿轮轴比大齿轮轴转得快，因此能够起到降低速度的作用。

图 4-1　齿轮减速器的工作原理

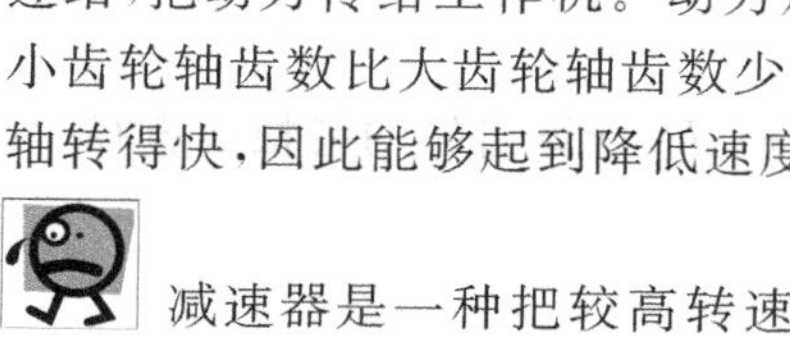

减速器是一种把较高转速转变为较低转速的专门装置。

二、拆卸减速器主动轴和从动轴装配体

取下减速器主动轴和从动轴，观察轴系装配体结构、组成，找一个干净无灰尘的场地，选用合适的工具按图 4-2 所示正确拆卸轴系装配体。拆卸下的零件分部位排放整齐，放入塑料盘中以免丢失，有关配合表面应擦拭干净，并涂以机油。

图 4-2　减速器传动轴装配体

轴承拆卸的方法如下：

轴承用顶头拆（见图 4-3a），顶拔时将钩头钩住被顶轴承，同时转动螺杆顶住轴端面中心，用力旋转螺杆转动手柄，即可将零件缓慢拉出（见图 4-3b）。使用顶头时，应使钩头尽量钩得牢固，以免打滑。拆卸轴承不得将力施加于外圈上并通过滚动体带动内圈，否则将损坏轴承滚道。

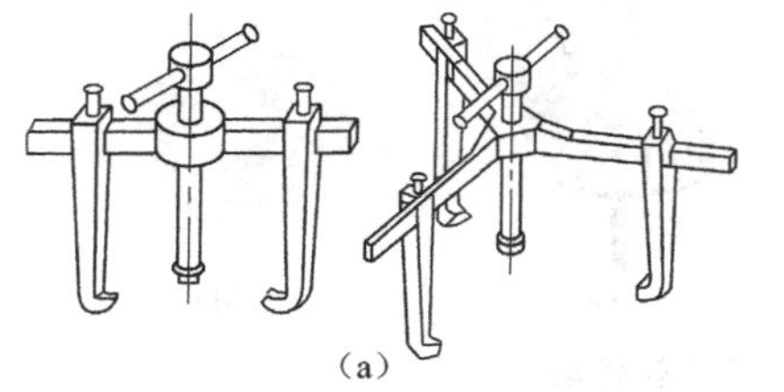

（a）

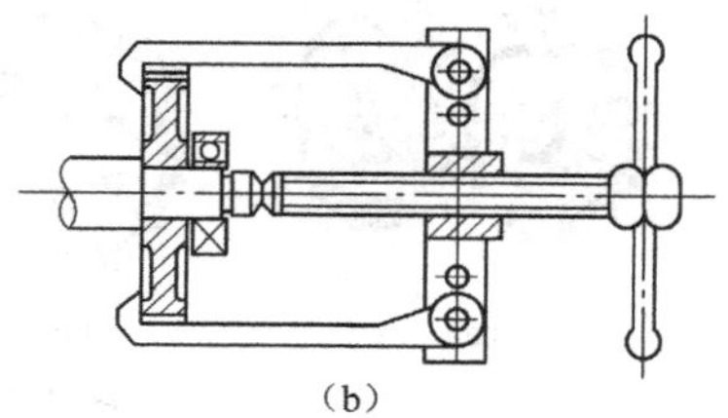

（b）

图 4-3　轴承的拆卸

切记轴承部件不能乱敲、乱撬，拆下的零件要分类编号，并给零件挂上标签，以便将装配体能顺利复原。

三、认识轴系装配体基本组成

轴系装配体中有：轴、套筒、齿轮、键、轴承、垫圈、调整环和端盖。

活动 2　认识齿轮，识读齿轮规定画法

观察齿轮结构，数齿轮轮齿个数，测量齿轮的齿顶圆直径 d_a，计算齿轮的齿根圆直径、分度圆直径；观察齿轮零件图，识读齿轮规定画法。

一、认识齿轮结构

齿轮套在轴上，用键和轴进行周向联接。在轴和齿轮上分别加工出键槽，键装入键槽内，齿轮套在轴上，就实现轮和轴的共同转动。齿轮属于常用件，只有部分结构和参数进行了标准化，齿轮结构如图 4-4 所示。

图 4-4　齿轮结构

知识点　齿轮传动分类

齿轮是机械传动中广泛应用的传动零件，它可以用来传递动力，改变转速和转向。常见齿轮传动类型的有：直齿圆柱齿轮传动（图 4-5a）、斜齿圆柱齿轮传动（图 4-5b）、圆锥齿轮传动（图 4-5c）和蜗轮蜗杆传动（图 4-5d）。

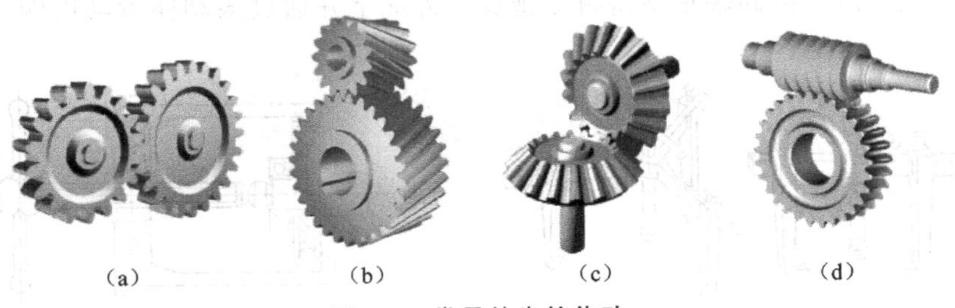

图 4-5　常见的齿轮传动

二、认识圆柱齿轮轮齿各部分名称、代号

圆柱齿轮轮齿各部分名称、代号如图 4-6 所示。

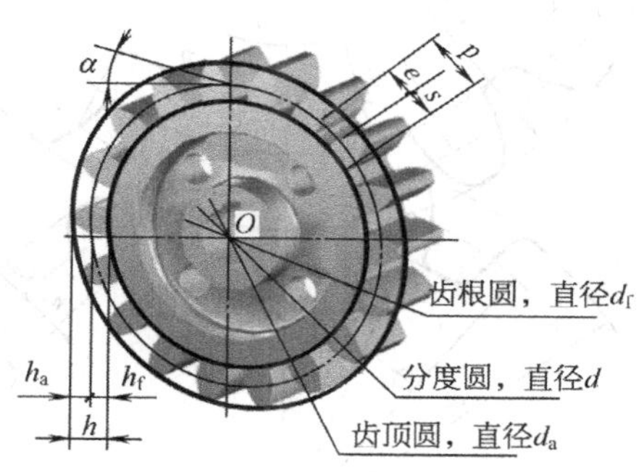

图 4-6　圆柱齿轮各部分名称

- 齿数(z)：轮齿个数；
- 齿顶圆(d_a)：通过齿轮轮齿顶端的圆；
- 齿根圆(d_f)：通过齿轮轮齿根部的圆；
- 分度圆(d)：齿轮上一个设计和加工计算尺寸时的基准圆，它是一个假想圆，在该圆上，齿厚(s)与槽宽(e)相等；
- 齿距(p)：分度圆周上，相邻两齿对应齿廓之间的弧长为齿距；
- 齿高(h)、齿顶高(h_a)、齿根高(h_f)：齿顶圆与齿根圆之间的径向距离称为齿高，齿顶圆与分度圆之间的径向距离称为齿顶高，齿根圆与分度圆之间的径向距离称为齿根高；
- 模数(m)：模数是设计和制造齿轮的重要参数，$m=p/\pi$。m 称为模数，单位为毫米，模数的大小直接反映出轮齿的大小。一对相互啮合的齿轮，其模数必须相等。为了便于设计和制造齿轮，减少齿轮加工的刀具，模数已标准化，其系列值如表 4-1 所示。

表 4-1　齿轮模数系列(GB 1357—1987)　(mm)

第一系列	1　1.25　1.5　2　2.5　3　4　5　6　8　10　12　16　20　25　32　40　50
第二系列	1.75　2.25　2.75　(3.25)　3.5　(4.5)　5.5　(6.5)　7　9　(11)　14　18　22　28　36　45

注：优先选用第一系列，括号内的模数，尽可能不用。

知识点　啮合齿轮的节圆、中心距

在两齿轮啮合时，齿廓的接触点将齿轮的连心线分为两段，即分别以 O_1、O_2 为圆心，以 O_1O、O_2O 为半径所画的圆，称为节圆，其直径用“d'”表示。齿轮的传动就可以假想成这两个圆在作无滑动的纯滚动。正确安装的标准齿轮，分度圆和节圆重合，即 $d=d'$。

两齿轮回转中心的连线称为中心距。啮合齿轮中的几何尺寸、代号见图 4-7。

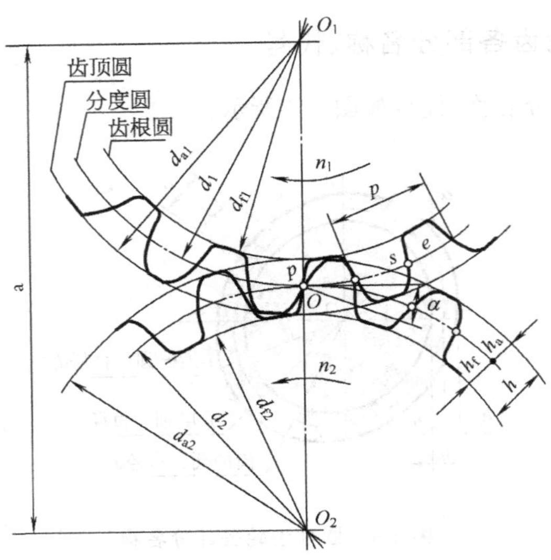

图 4-7　圆柱齿轮各部分名称

三、测量、计算齿轮各部分几何尺寸

偶数齿可直接测得 d_a 值，见图 4-7a；奇数齿测量时 $d_a=D_1+2H$，见图 4-8b、图 4-8c。

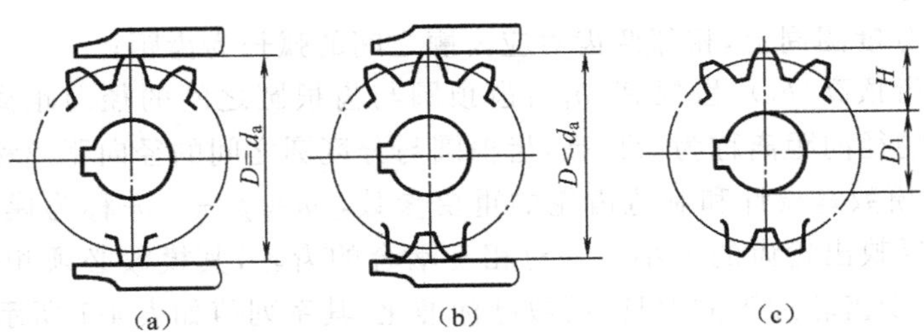

图 4-8　齿顶圆的测量

根据 $d_a=m(z+2)$，$m=d_a/(z+2)$，计算模数 m，然后取标准值；根据 $d=mz$；计算分度圆直径 d；根据表 4-2 所示直齿圆柱齿轮的尺寸公式计算其他尺寸。

表 4-2　直齿圆柱齿轮的尺寸公式

基本参数：模数 m，齿数 z		
名　　称	代　号	尺　寸　公　式
分度圆直径	d	$d=mz$
齿根圆直径	d_f	$d_f=m(z-2.5)$
齿距	p	$p=\pi m$
齿高	h	$h=2.25m$
齿顶高	h_a	$h_a=m$
齿根高	h_f	$h_f=1.25m$

知识点 直齿圆柱齿轮的尺寸公式

直齿圆柱齿轮各部分尺寸计算公式及计算举例见表 4-3。

表 4-3　直齿圆柱齿轮的尺寸公式及计算举例

基本参数：模数 m，齿数 z			已知：$m=3$　$z_1=22$　$z_2=42$	
名　　称	代　号	尺　寸　公　式	计　算　举　例	
分度圆	d	$d=mz$	$d_1=66$	$d_2=126$
齿顶圆直径	d_a	$d_a=m(z+2.5)$	$d_{a1}=72$	$d_{a2}=132$
齿根圆直径	d_f	$d_f=m(z-2.5)$	$d_{f1}=58.5$	$d_{f2}=118.5$
齿距	p	$p=\pi m$	$p=9.42$	
中心距	a	$a=m(z_1+z_2)/2$	$a=96$	

四、识读齿轮规定画法

图 4-9 所示为圆柱齿轮零件图，它用两个图表达，主视图采用全剖，均布孔剖视图采用

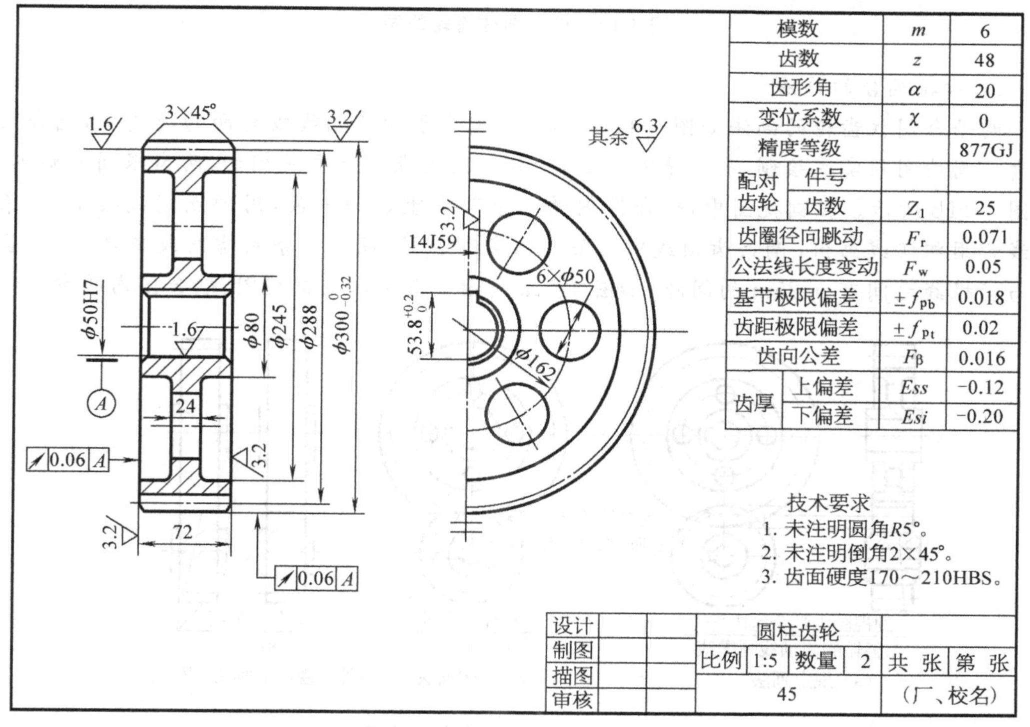

图 4-9　圆柱齿轮零件图

简化画法；左视图采用对称图形的简化画法。齿顶线用粗实线绘制，分度线用细实线绘制；在剖视图中，剖切平面通过齿轮轴线，齿根线用粗实线绘制，轮齿按不剖处理。

知识点 齿轮规定画法

1. 单个圆柱齿轮画法

单个圆柱齿轮的画法如图 4-10 所示。齿顶线和齿顶圆用粗实线绘制，分度线和分度圆用细实线绘制，齿根线和齿根圆用细实线绘制，也可省略不画，如图 4-10a 所示。在剖视图中，当剖切平面通过齿轮轴线时，齿根线用粗实线绘制，轮齿按不剖处理，如图 4-10b 所示。当需要表示斜齿轮和人字齿轮的齿线方向时，可用三条与齿线方向一致的细实线表示，如图 4-10c 所示。

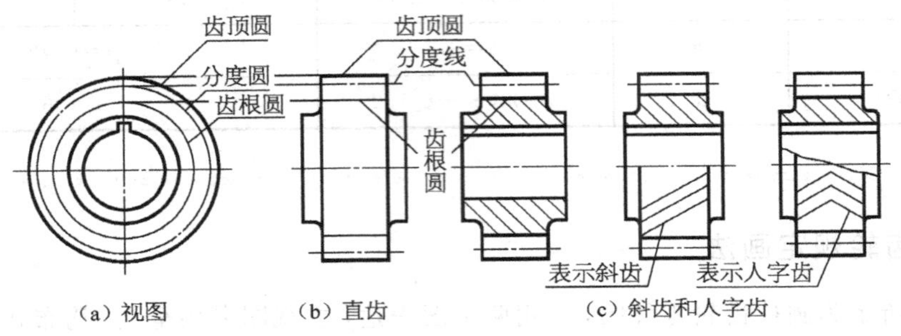

图 4-10 单个圆柱齿轮的画法

2. 齿轮啮合的画法

两啮合圆柱齿轮的画法如图 4-11 所示。在垂直于齿轮轴线投影面的视图中，啮合区内的齿顶圆均用粗实线绘制，也可省略不画，两分度圆用点划线画成相切，两齿根圆省略不画，如图 4-11b 所示。在剖视图中，啮合区内的两条节线重合为一条，用细点划线绘制，两条齿根线都用粗实线画出，两条齿顶线中一条用粗实线绘制，而另一条用虚线或省略不画，齿顶线与齿根线之间有 0.25m 的间隙，如图 4-11a 所示。若不画成剖视图，啮合区内的齿顶线和

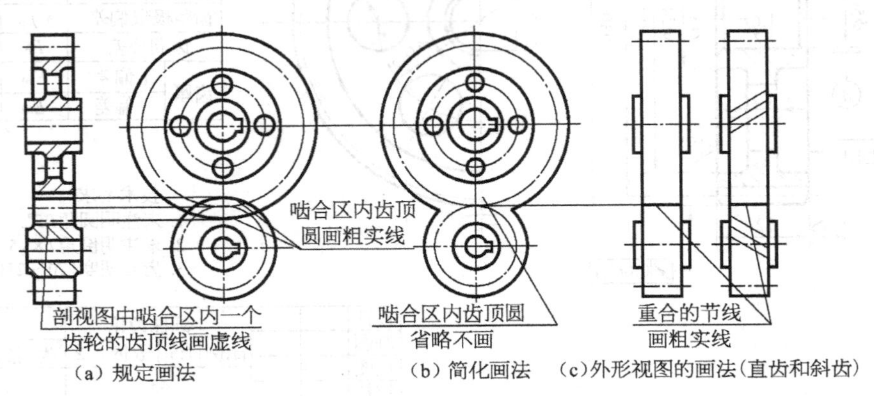

图 4-11 两啮合圆柱齿轮的画法

齿根线都不必画出，节线用粗实线绘制，如图 4-11c 所示。

活动 3　识读键联接画法

观察键联接结构，识读键联接画法。

一、认识键联接

图 4-12 所示轴系装配体中键是圆头普通平键。装配时，将键嵌入轴上的键槽中，再将带有键槽的齿轮装在轴上，当轴转动时，因为键的存在，齿轮就与轴同步转动，达到传递动力的目的。

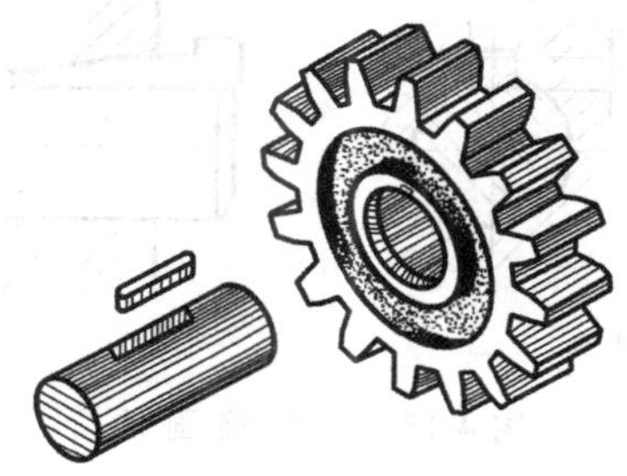

图 4-12　键　联　接

知识点　键的类型

键是标准件。常用键有普通平键、半圆键、钩头楔键和花键，如图 4-13 所示。其结构形式、规格尺寸及键槽尺寸等可从标准中查出。

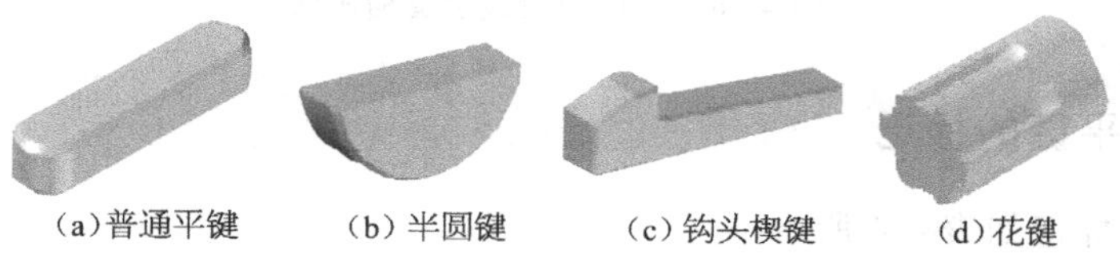

(a)普通平键　(b)半圆键　(c)钩头楔键　(d)花键

图 4-13　常用键的种类

普通平键应用最广，按轴槽结构可分为圆头普通平键(A 型)、方头普通平键(B 型)和单圆头普通平键(C 型)三种型式，如图 4-14 所示。键联接的结构形式、规格尺寸及键槽尺寸等的选用主要根据轴头直径和长度决定，也可查有关手册。

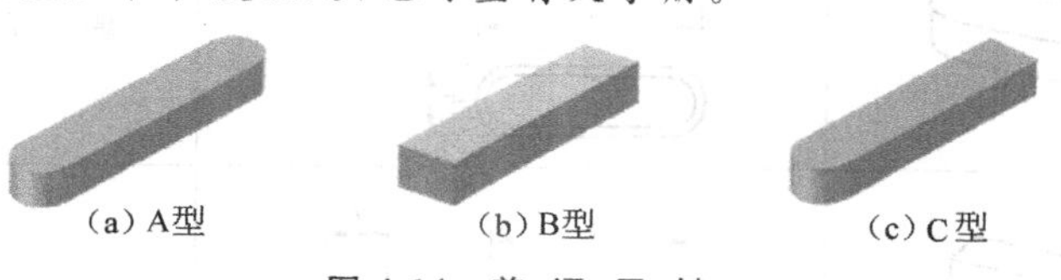

(a) A型　(b) B型　(c) C型

图 4-14　普　通　平　键

二、识读键联接画法

装配图中用局部剖来表达键联接。

普通平键和半圆键两侧面是工作面，与相应的键槽表面接触，接触面上画一条轮廓线。键的顶面与键槽顶面不接触，键的上表面与轮毂之间的间隙应表示出来，画两条轮廓线。纵向剖切时键按不剖绘制，而横向将键切断则应画出剖面线。普通平键联接的画法如图 4-15a 所示，轮槽和轮毂的画法如图 4-16 所示。其中 b、t、t_1、L、h 可查有关手册。

钩头楔键上下面是工作面，与相应的键槽表面接触，画一条轮廓线；侧面为不接触面，画两条轮廓线。钩头楔键联接的画法如图 4-15b 所示。

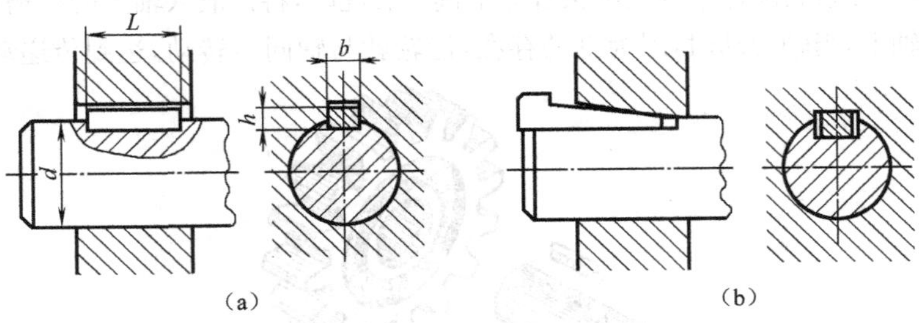

图 4-15　键联接画法

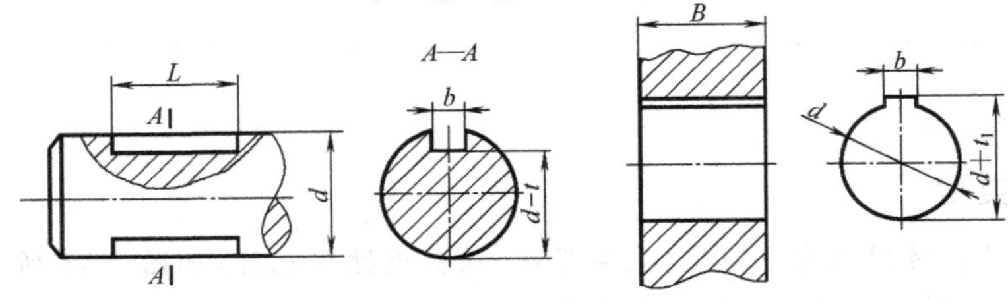

图 4-16　轮槽和轮毂上键槽画法

三、识读普通平键的标记

普通平键的标记如表 4-4 所示。

表 4-4　普通平键的标记

名　　称	图　　例	标记示例
普通平键	（图：h, l, b）	键 $b\times l$　GB/T 1096—1979
半圆键	（图：l, d_1, h, b）	键 $b\times d$　GB/T 1099—1979

（续表）

名　称	图　例	标　记　示　例
钩头楔键	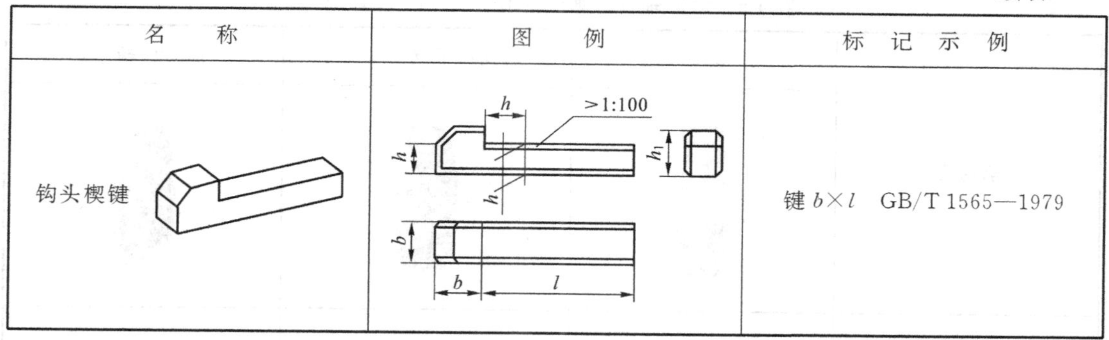	键 $b\times l$　GB/T 1565—1979

活动 4　识读滚动轴承规定画法

观察滚动轴承结构，了解滚动轴承作用，识读滚动轴承的画法。

一、认识滚动轴承

滚动轴承由内圈、外圈、滚动体和保持架等零件组成，如图 4-17 所示。外圈装在机座的孔内，内圈紧套在轴上，多数情况下是外圈固定不动而内圈随轴转动。

滚动轴承的规格、型式都已标准化，其结构和尺寸可根据代号从有关标准中查得。

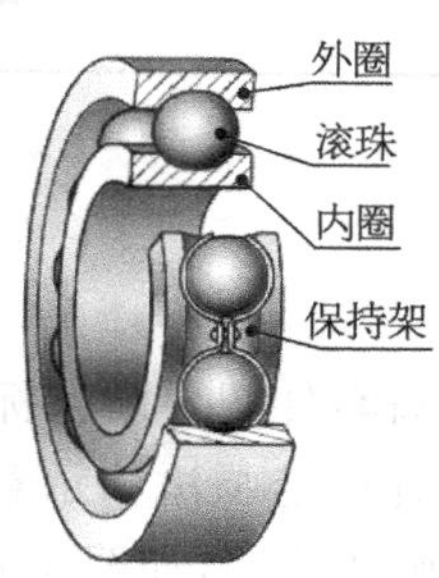

图 4-17　滚动轴承的结构

轴系装配体中滚动轴承的功用是支持作旋转运动的轴，保持轴的旋转精度和减小轴与支承间的摩擦和磨损。

知识点 滚动轴承的类型

按滚动轴承承受载荷的方向不同，滚动轴承分为三种类型（见表 4-5）。

（1）向心轴承：主要承受径向载荷。

（2）推力轴承：只承受轴向载荷。

（3）向心推力轴承：同时承受轴向和径向载荷，如圆锥滚子轴承。

表 4-5　滚动轴承的画法(GB/T 4459.7—1998)

	向心轴承	向心推力轴承	推力轴承
轴承的类型	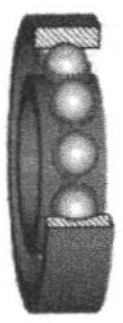		
规定画法	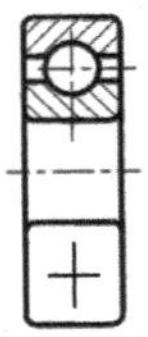	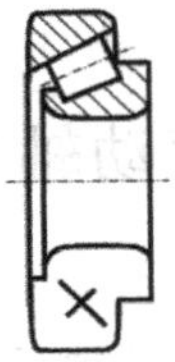	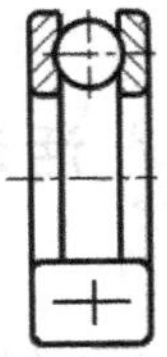
示意画法	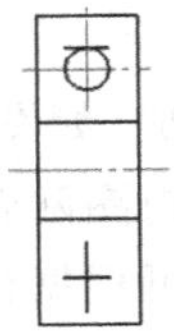	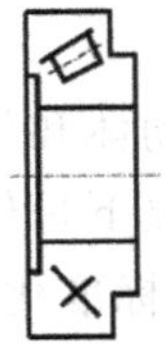	

二、识读滚动轴承的画法

滚动轴承是标准组件,不需单独画零件图。国家标准对滚动轴承的画法作了统一的规定,一般采用简化画法。简化画法又有规定画法和示意画法之分。滚动轴承画法见表 4-5。装配图中,滚动轴承可按国标规定的画法绘制,如图 4-18 所示。

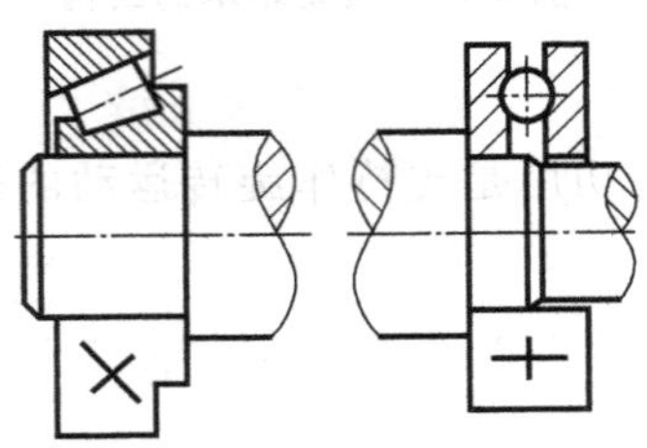

图 4-18　装配图中滚动轴承的规定画法

三、识读滚动轴承的代号、标记

1. 滚动轴承的代号

滚动轴承的代号组成如下:

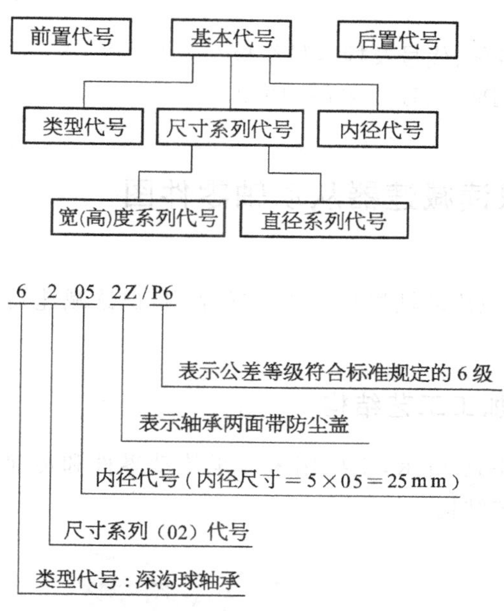

知识点　滚动轴承的代号

前置代号、后置代号是在轴承结构形状、尺寸和技术要求等有改变时，在其基本代号前后添加的补充代号，可查阅有关的国标规定。类型代号用数字或字母表示，见表4-6。尺寸系列代号由轴承的宽(高)度系列代号和直径系列代号组成，可查阅有关的国标规定。内经代号表示轴承的公称内经，由两位数表示。代号数字为00、01、02、03的轴承，内孔直径分别为10mm、12mm、15mm、17mm，代号数字为04～96的轴承，内孔直径等于代号数乘以5。

表4-6　滚动轴承的类型代号

代　号	轴　承　类　型	代　号	轴　承　类　型
0	双列角接触球轴承	6	深沟球轴承
1	调心球轴承	7	角接触球轴承
2	调心滚子轴承和推力调心滚子轴承	8	推力圆柱滚子轴承
3	圆锥滚子轴承	N	圆柱滚子轴承
4	双列深沟球轴承	U	外球面球轴承
5	推力球轴承	QJ	四点接触球轴承

2. 滚动轴承的标记

滚动轴承的标记由名称、代号及标准号组成。

例：轴承 6205－2Z/P6　GB/T 276—1993

活动 5　识读减速器从动轴零件图

观察传动轴结构，认识传动轴机械加工工艺结构，识读减速器从动轴零件图，掌握轴套类零件的表达法。

一、认识传动轴机械加工工艺结构

减速器从动轴如图 4-19 所示，主要用来支承传动零件和传递动力。轴线方向有轴肩、倒角、退刀槽、键槽等工艺结构。

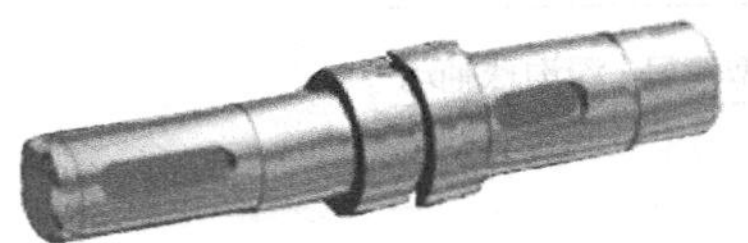

图 4-19　减速器从动轴

知识点　零件上的机械加工工艺结构

1. 倒角与倒圆

为了便于零件的装配并消除毛刺或锐边，在轴和孔的端部都作出倒角。为减少应力集中，有轴肩处往往制成圆角过渡形式，称为倒圆。当倒角为 45°时，可简化标注。两者的画法和标注方法见图 4-20。

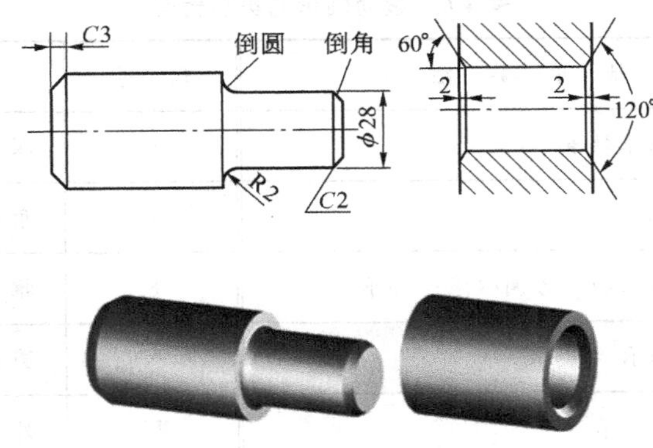

图 4-20　倒角与倒圆

2. 退刀槽和砂轮越程槽

在切削加工时，特别是在车螺纹和磨削时，为便于退出刀具或使砂轮可稍微越过加工

面，常在待加工面的末端先车出退刀槽或砂轮越程槽，见图 4-21。

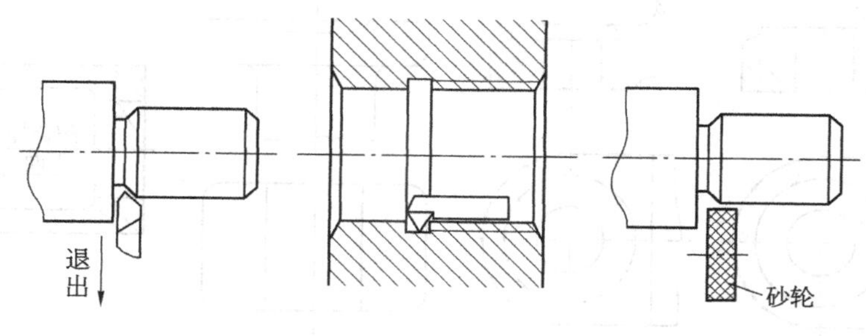

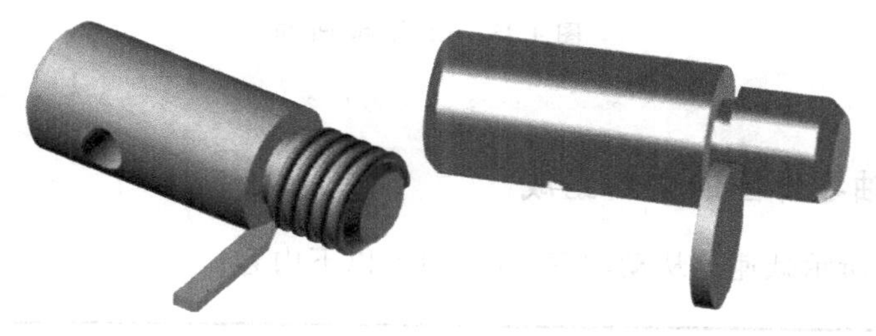

图 4-21　退刀槽与砂轮越程槽

3. 钻孔结构

用钻头钻孔时，要求钻头轴线尽量垂直于被钻孔的端面，以避免钻头折断。图 4-22a、b、c 表示三种钻孔端面的正确结构，图 4-22d 为三种不正确钻孔端面的结构。

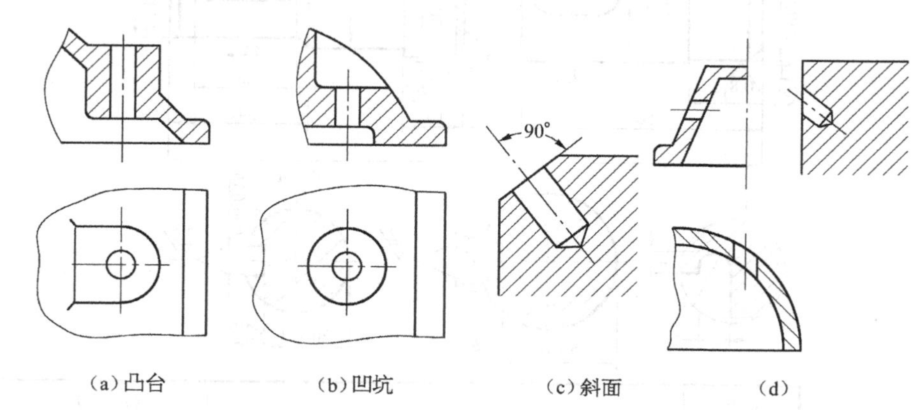

图 4-22　钻孔结构

4. 凸台和凹坑

零件上与其他零件的接触面一般都要进行加工。为减少加工面积并保证零件表面之间有良好的接触，常在铸件上设计出凸台和凹坑。图 4-23a、b 表示螺栓联接的支承面做成的凸台和凹坑形式，图 4-23c、d 表示为减少加工面积而做成的凹槽和凹腔结构。

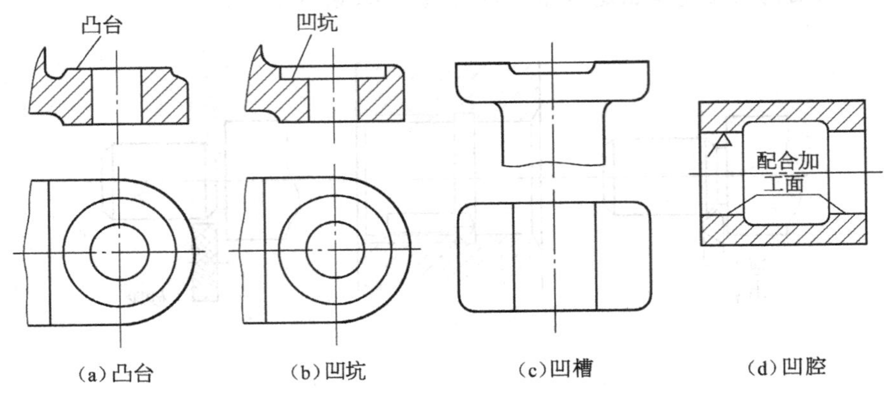

(a)凸台　(b)凹坑　(c)凹槽　(d)凹腔

图 4-23　凸 台 和 凹 坑

二、认识从动轴零件图的内容组成

观察图 4-24 所示减速器从动轴零件图，包括以下内容：

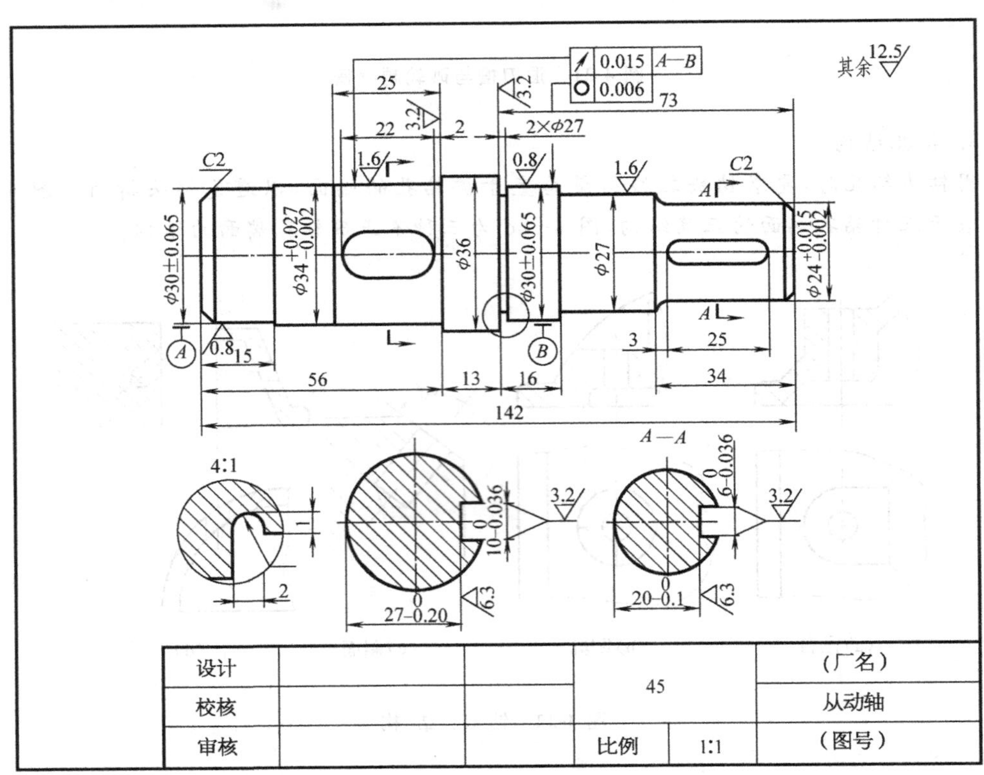

图 4-24　减速器从动轴零件图

- 四个图形表达零件的形状和结构：轴线横放的主视图、两个移出断面图、一个局部放大图；

• 零件制造、检验时所需的全部尺寸；

• 用符号标注或文字说明零件在制造、装配和检验时应达到的技术、质量要求，如表面粗糙度、尺寸公差、形位公差、材料及热处理要求等技术要求；

• 用来填写零件的名称、材料、比例、数量及制图和审核人姓名等内容的标题栏。

三、识读从动轴零件图的表达方法

图 4-24 所示减速器从动轴零件用一个主视图、两个移出断面图和一个局部放大图表示。主视图将轴线水平放置，投影方向以结构特征为重点，摆放位置与零件的主要加工位置一致，便于加工、测量时进行图物对照。根据各部分结构特点，两个断面图表达清楚了键槽的结构形状，局部放大图表达清楚了退刀槽（砂轮越程槽）结构形状。

知识点　零件图视图的选择

1. 主视图的选择

主视图是一组图形的核心，主视图在表达零件结构形状、画图和看图中起主导作用，因此应把选择主视图放在首位，选择时应综合考虑两个方面：

（1）主视图的投影方向：要以结构特征为重点，兼顾形状特征来选取。如图 4-25 所示，A 投射方向比 B、C 投射方向更能清楚显示结构特征。

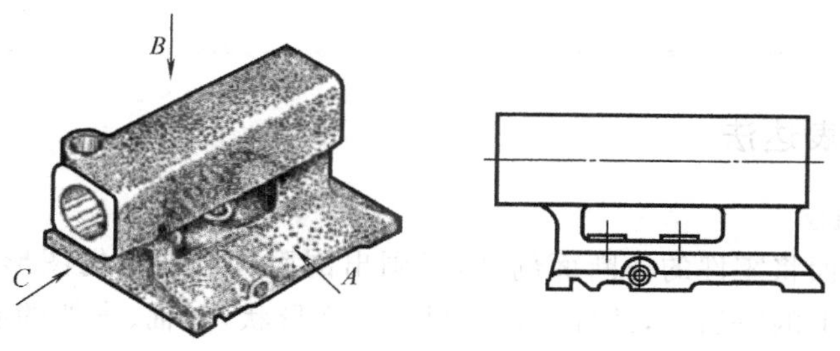

图 4-25　主视图的投影方向

（2）主视图的摆放位置：主视图摆放位置有两个原则：加工位置和工作位置原则。主视图应尽量与零件的主要加工位置一致，便于加工、测量时进行图物对照。对于轴套、轮盘等回转体零件，大部分工序是在车床或磨床上进行，如图 4-26 所示，因此这类零件选择主视图一般遵循这一原则。对于加工位置变化多的零件，如拨叉、支架、箱体，主视图应尽量与零件在机器中的工作位置一致，这样便于图与物联系想象出零件的工作情况。如图 4-25 所示，机件摆放位置符合工作位置原则；图 4-27a、图 4-27b 摆放位置不符合工作位置原则。

2. 其他视图的选择

对于结构形状较复杂的零件，主视图还不能完全反映其结构形状，必须选择其他视图，包括剖视图、断面图、局部放大图和简化画法等各种表达方法。选择其他视图的原则是：在完整、清晰地表达零件内、外结构形状的前提下，尽量减少图形个数，以方便画图和看图。

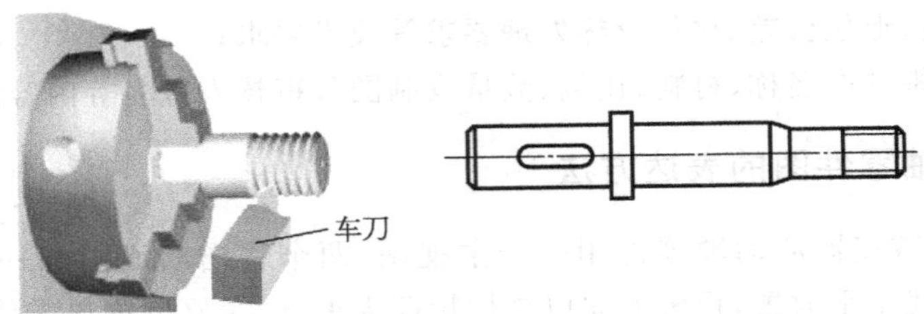

图 4-26　轴的主视图选择

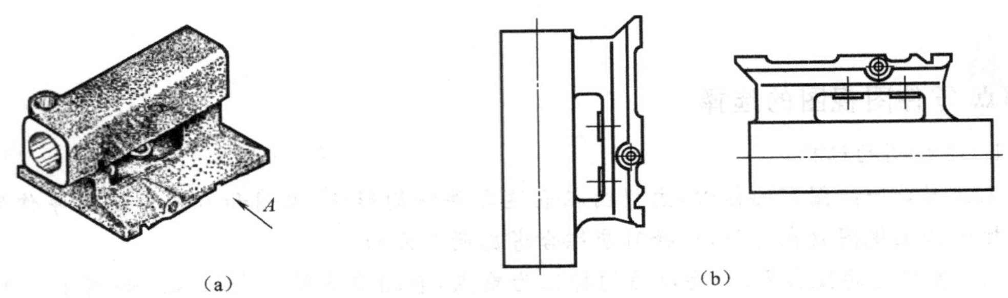

图 4-27　主视图的摆放位置

四、认识断面图表达法

1. 断面图的概念

用假想剖切平面将零件的横断面剖开，只画出剖面区域轮廓的图形称为断面图。断面图常用来表达零件上的“三材”，即杆、板、型材的断面形状，如轴、支架的肋板、轮辐、键槽等，如图 4-28 所示。

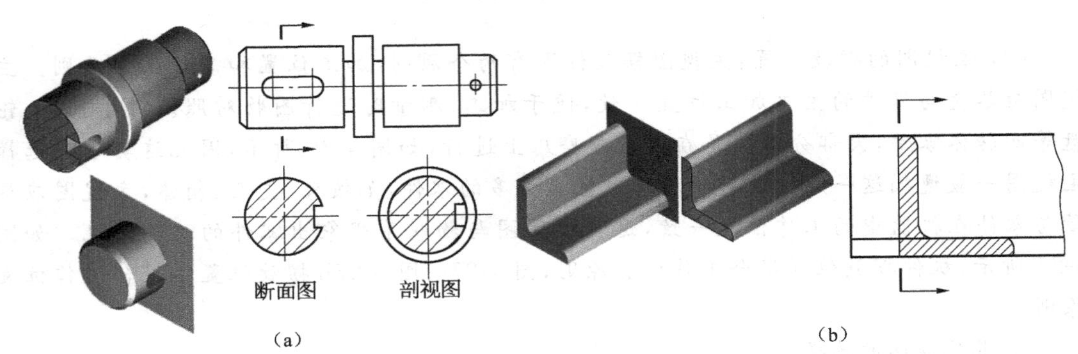

图 4-28　与轮廓线垂直剖切的断面图

2. 断面图的种类

在图 4-28a 中，轴的断面图画在视图外面，称为移出断面图；在图 4-28b 中，板的断面图画在视图里面，称为重合断面图。图 4-24 减速器从动轴零件图中就有两个移出断面图。

3. 断面图的画法和标注

(1) 移出断面的画法。移出断面的轮廓线用粗实线绘制，并在断面上画上剖面符号。移出断面应尽量配置在剖切符号(有时也用剖切线)的延长线上，如图 4-28 所示。必要时也可画在其他适当位置，如图 4-29 中的“$A-A$”和“$B-B$”断面所示。当移出断面对称时，也可画在视图的中断处。如图 4-30 所示，较长杆件的视图采用折断画法，断面图画在视图的中断处。

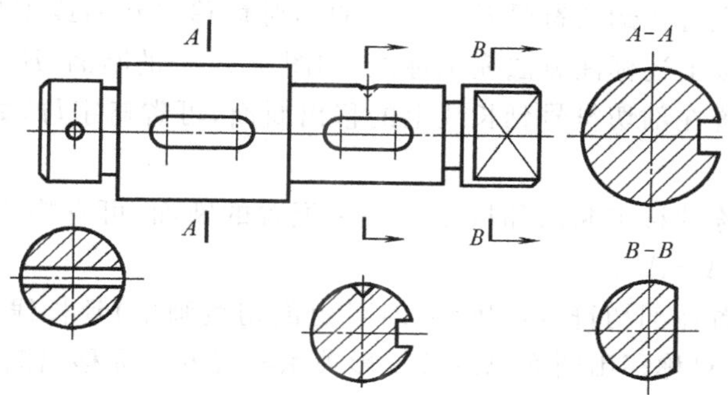

图 4-29　移出断面图的画法(一)

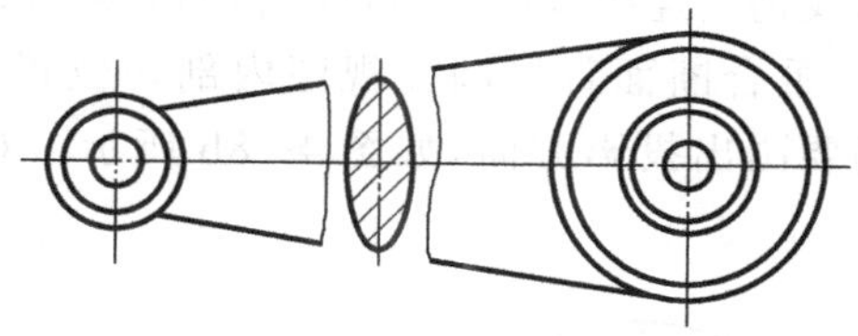

图 4-30　在视图中断处的断面图

剖切平面应与被剖切部位的主要轮廓线垂直，若用一个剖切平面不能满足垂直时，可用相交的两个或多个剖切平面分别垂直于机件轮廓线剖切，其断面图形的中间应用波浪线断开，如图 4-31 所示。

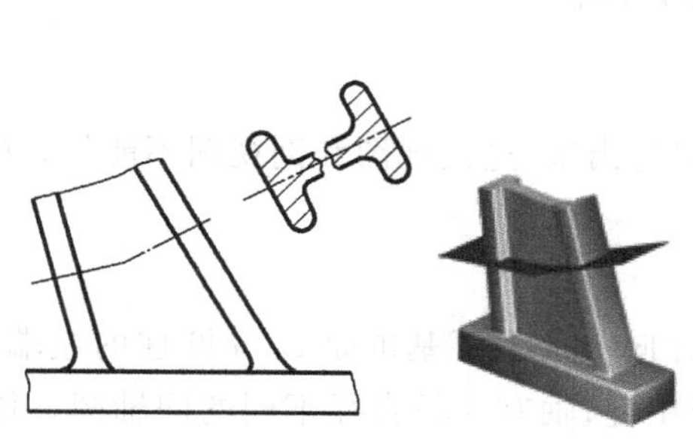

图 4-31　移出断面图的画法(二)

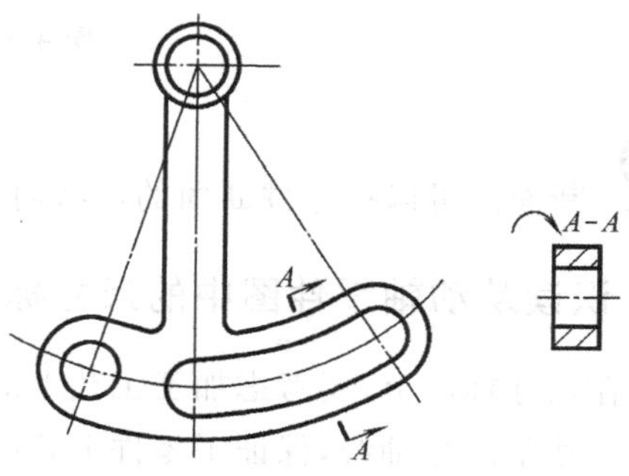

图 4-32　断面按剖视图绘制

当剖切平面通过由回转面组成的孔或凹坑的轴线时，则这些结构按剖视绘制，如图4-29中未注字母的两断面。当剖切平面通过非回转面，但能导致完全分离的两部分剖面时，则这样的结构也应按剖视绘制，如图4-32中的“$A-A$”所示(在不引起误解时，将断面图旋转放正画出)。必须指出，这里的“按剖视绘制”是指被剖切到的结构，并不包括剖切平面后的其他结构。

(2) 移出断面的标注。移出断面的标注与剖视基本相同，一般也用剖切符号中的粗短划表示剖切平面剖切位置，箭头表示剖切后的投射方向，在其外侧注上大写拉丁字母，并在相应的断面上方正中位置用同样字母标注出名称，如“×—×”。

具体标注方法及其省略标注的情况如下：

• 完全标注：不配置在剖切符号延长线上的不对称移出断面或不按投影关系配置的不对称移出断面，必须按上述标注方法完全标注，如图4-29中的断面“$B-B$”所示；

• 省略字母：配置在剖切符号延长线上的移出断面，可省略字母，如图4-29所示的中间断面；

• 省略箭头：对称的移出断面和按投影关系配置的断面，可省略表示投射方向的箭头，如图4-29中的断面“$A-A$”；

• 不必标注：配置在剖切符号位置(此时可由剖切线画出)延长线上的对称移出断面和配置在视图中断处的对称移出断面以及按投影关系配置的对称移出断面，均不必标注，如图4-29中的右端销孔的移出断面。

(3) 重合断面的画法。重合断面的轮廓线用细实线绘制。当重合断面轮廓线与视图中轮廓线重叠时，视图的轮廓线仍应连续画出，不可间断，如图4-28b所示。

(4) 重合断面的标注。重合断面直接画在视图内剖切位置上，因此，标注时可省略字母。不对称的重合断面，仍要画出投影方向，如图4-28b所示。对称的重合断面，可不必标注，如图4-33所示。

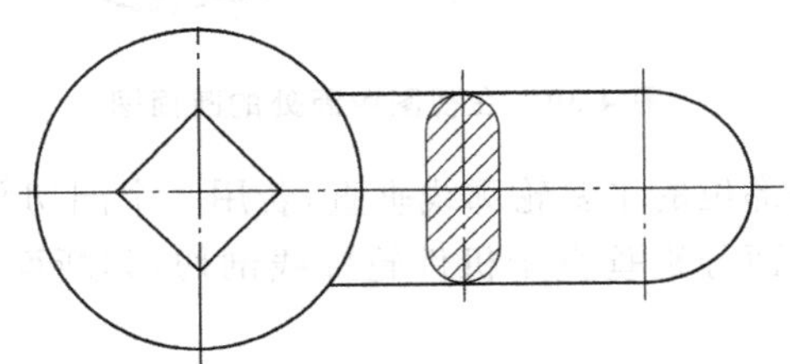

图4-33 对称的重合断面

断面图可以把零件断面的形状简单清晰地表达出来，这是视图和剖视图不能代替的。

五、识读从动轴零件图中的尺寸标注

在尺寸标注上，要考虑加工工艺上的要求，长方向上的主要基准是$\varnothing 36$圆柱的左端面，径向尺寸基准是轴线，保证了零件上孔配合时的对中性；轴有6段直径不同的同轴圆柱体组成，即$\varnothing 30 \pm 0.065$、$\varnothing 34^{+0.027}_{+0.002}$、$\varnothing 36$、$\varnothing 27$和$\varnothing 24^{-0.015}_{-0.062}$，其中四段与其他零件有配合要求，因此标有尺寸公差。长度方向第一基准面为轴的左端面，注出轴总长为142以及主要基准与辅助基准间联系尺寸 56，通过尺寸 13 得出第二辅助基准（∅36 圆柱右轴肩）。长度方向第三基准面为轴的右端面，标注了尺寸 34；两键槽尺寸标注了定形尺寸 22、25，长度方向定位尺寸 2、3 分别以轴肩端面为基准，宽度方向以轴线为基准，键槽宽度（$10_{-0.036}^{\ 0}$、$6_{-0.036}^{\ 0}$）和深度尺寸在两个移出断面图中标注；∅30 和∅36 中间有砂轮越程槽，既满足配合要求，又使加工要求降低。

六、识读轴套类零件的零件图

如图 4-34 所示齿轮轴零件图从标题栏可知，该零件叫齿轮轴。齿轮轴是用来传递动力和运动的，其材料为 45 钢，属于轴类零件，最大直径为 60mm，总长为 228mm，属于较小的零件。

表达方案由主视图和移出断面图组成，轮齿部分作了局部剖。主视图（结合尺寸）已将齿轮轴的主要结构表达清楚，由几段不同直径的圆柱体组成，最粗轴段上制有轮齿，最右轴段上有一键槽，零件两端及轮齿两端有倒角，*C*、*D* 两端面处有砂轮越程槽。移出断面图用于表达键槽深度和进行有关标注。

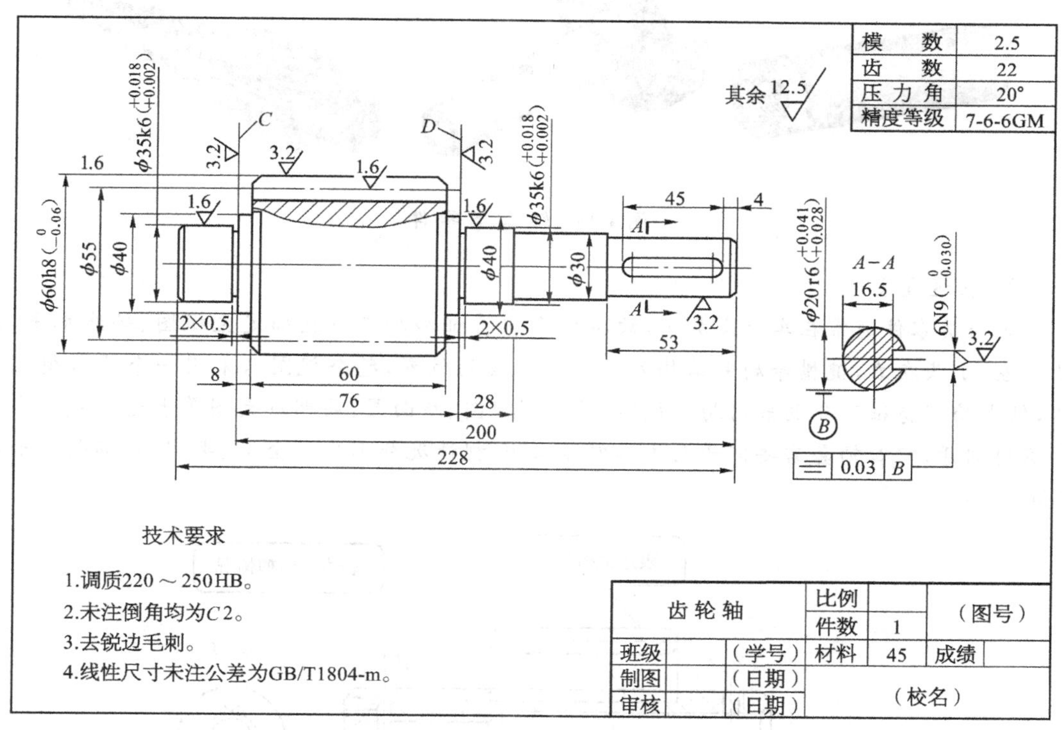

图 4-34　轴套类零件图

齿轮轴中两∅35k6 轴段及∅20r6 轴段用来安装滚动轴承及连轴器，径向尺寸的基准为齿轮轴的轴线。端面 *C* 用于安装挡油环及轴向定位，所以端面 *C* 为长度方向的主要尺寸基准，注出了尺寸 2、8、76 等。端面 *D* 为长度方向的第一辅助尺寸基准，注出了尺寸 2、28。齿轮轴的右端面为长度方向尺寸的另一辅助基准，注出了尺寸 4、53 等。键槽长度 45、齿轮宽度 60 等是轴向的重要尺寸，已直接注出。

∅35 及∅20 的两处轴颈有配合要求，尺寸精度较高，均为 6 级公差，相应的表面粗糙度要求也较高，R_a 分别为 1.6 和 3.2(μm)。对键槽提出了对称度要求。对热处理、倒角、未注尺寸公差等提出了四项文字说明要求。

知识点 轴套类零件

常见轴套类零件有各种轴、丝杠、套筒、衬套等，如图 4-35 所示。

1. 结构特点

轴套类零件用来支承齿轮、带轮等传动件传递运动或动力，一般由若干段直径不同的同轴圆柱体组成，横向尺寸远小于纵向尺寸。常有键槽、销孔、螺纹、退刀槽、越程槽、中心孔、油槽、倒角、圆角和锥度等结构，如图 4-35 所示。

图 4-35 轴套类零件

2. 表达方案

轴套类零件通常在车床上加工，故按照形状特征和加工位置确定主视图、轴线水平，大头在左、小头在右，键槽等局部结构处于便于观察的位置，整个视图只采用一个基本视图表达，轴上局部特征可分别采用局部视图、局部剖视图、断面图、局部放大图等表达方式。实心轴不用剖开，空心轴套需要剖开表达其内部结构，视情况分别采用全剖、半剖、局部剖。如图 4-36 所示。

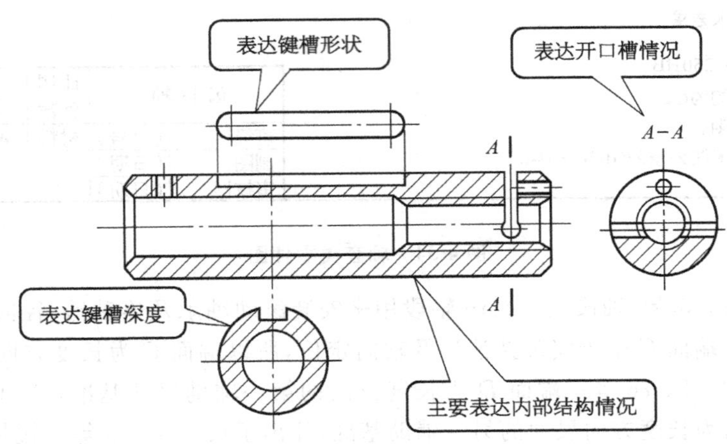

图 4-36 轴套类零件的表达方法

3. 尺寸标注

- 宽度和高度方向以中心回转线作为基准，长度方向以端面作为基准；
- 剖视图、断面图、局部视图的尺寸要标注；
- 零件上的标准结构，如倒角、退刀槽、越程槽、键槽按照标准标注。

4. 技术要求

技术要求主要涉及加工要求、配合要求、表面粗糙度等相关需要说明的方面。

(1) 有配合要求的表面，其表面粗糙度参数值较小。无配合要求表面的表面粗糙度参数值较大。

(2) 有配合要求的轴颈尺寸公差等级较高、公差较小。无配合要求的轴颈尺寸公差等级低、或不需标注。

(3) 有配合要求的轴颈和重要的端面一般应有形位公差的要求。

§4.4　考核建议

职业技能考核				职业素养考核			
是否完成	完　成　情　况			安全	卫生	合作	……
	要求1	要求2	……				

§4.5　知识拓展

一、轴测图的基本概念

1. 轴测图的定义

轴测投影图(简称轴测图)通常称为立体图，是生产中的一种辅助图样，常用来说明产品的结构和使用方法等。轴测图和多面正投影相比，具有直观性强的特点，如图4-37所示。

如图4-38所示，轴测图是将物体连同其参考直角坐标系，沿不平行于任一坐标面的方向，用平行投影法将其投射在单一投影面上所得到的图形。它会同时反映出物体长、宽、高三个方向的尺度，富有立体感，但不会反映物体的真实形状和大小，度量性差。

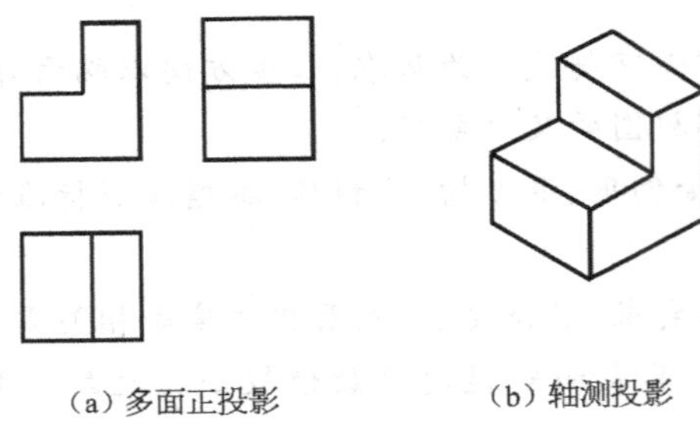

图 4-37 多面正投影和轴测图

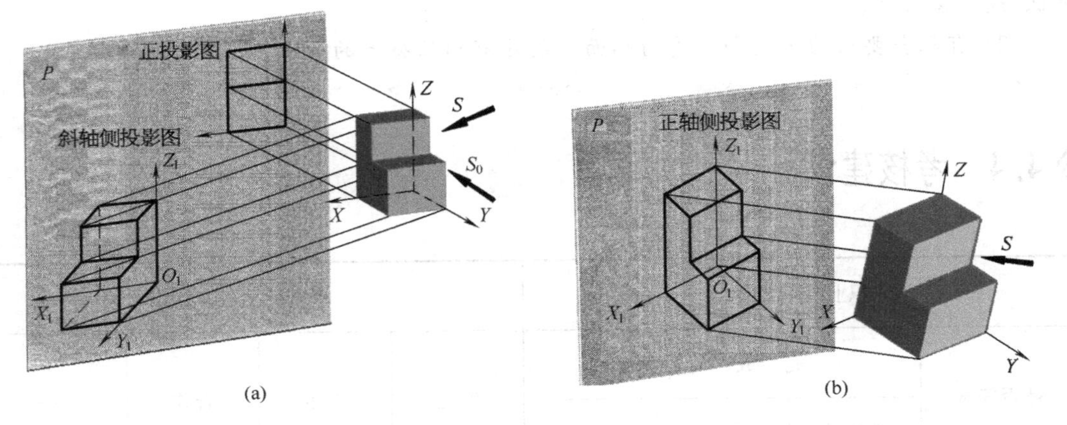

图 4-38 轴测图的形成

2. 轴测投影的基本性质

轴测投影同样具有平行投影的性质：

(1) 若空间两直线段相互平行，则其轴测投影相互平行。

(2) 凡与直角坐标轴平行的直线段，其轴测投影必平行于相应的轴测轴。

(3) 画轴测投影时，沿轴测轴或平行于轴测轴的方向才可以度量(轴测投影因此而得名)。

(4) 直线段上两线段长度之比，等于其轴测投影长度之比。

3. 轴测图的分类

根据投影方向不同，轴测图可分为两类：图 4-38a 所示的斜轴测图和图 4-38b 所示的正轴测图。工程上使用较多的是正等测和斜二测，它们的轴测轴间夹角分别如图 4-39 所示。

二、正等轴测图的画法

由多面正投影图画轴测图时，应先选好适当的坐标体系，画出对应的轴测轴，然后，按一定方法作图。

1. 平面立体的正等测图

画平面立体正等测图的方法有：坐标法、切割法和叠加法。

(1) 坐标法：使用坐标法时，先在视图上选定一个合适的直角坐标系 $OXYZ$ 作为度量基准，然后根据物体上每一点的坐标，定出它的轴测投影。

根据六棱柱的三面投影图，画出它的正等轴测图，作图步骤如图 4-40 所示。

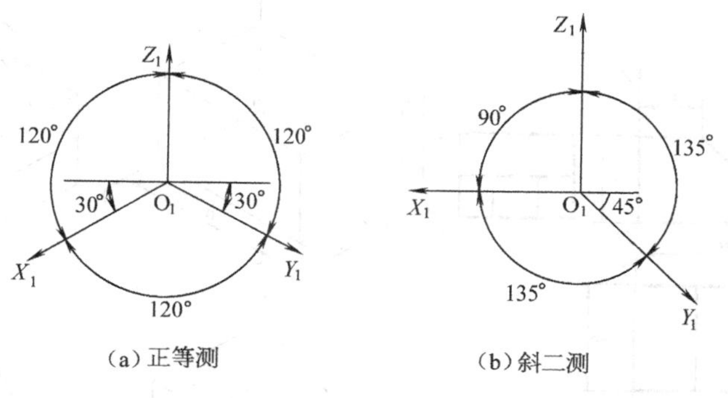

图 4-39　轴测图轴间角

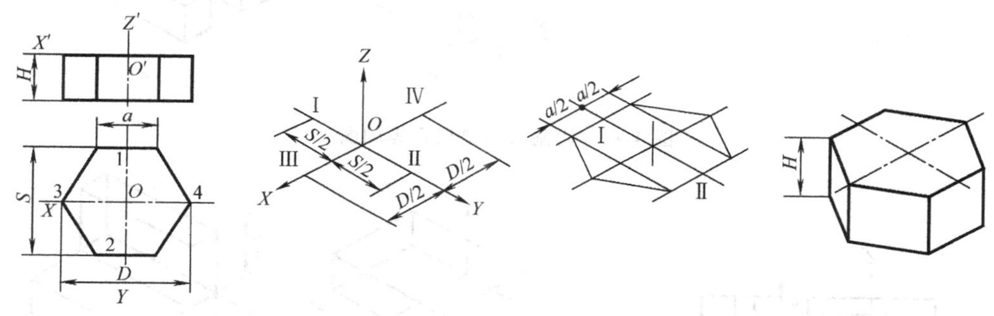

图 4-40　坐标法画六棱柱的正等轴测图

在轴测图中，为了使画出的图形明显起见，通常不画出物体的不可见轮廓，上例中坐标系原点放在正六棱柱顶面有利于沿 Z 轴方向从上向下量取棱柱高度 H，避免画出多余作图线，使作图简化。

(2) 切割法：切割法又称方箱法，适用于画由长方体切割而成的轴测图，它是以坐标法为基础，先用坐标法画出完整的长方体，然后按形体分析的方法逐块切去多余的部分。

例如画出如图 4-41a 所示物体的正等测图。首先根据尺寸画出完整的长方体，再用切割法分别切去左上角的四棱台、左中部的四棱柱，擦去作图线，描深可见部分即得垫块的正等测图。作图步骤如图 4-41b～e 所示。

(3) 叠加法：叠加法是先将物体分成几个简单的组成部分，再将各部分的轴测图按照它们之间的相对位置叠加起来，并画出各表面之间的联接关系，最终得到物体轴测图的方法。

例如画出如图 4-42a 所示物体的正等测图，先用形体分析法将物体分解为底板、竖板和肋板三个部分，分别画出各部分的轴测投影图，擦去作图线，描深后即得物体的正等测图。作图步骤如图 4-42b～e 所示。

2. 曲面立体的正等轴测图的画法

常见的回转体有圆柱、圆锥、圆球、圆台等。在作回转体的轴测图时，首先要解决圆的轴测图画法问题。圆的正等测图是椭圆，三个坐标面或其平行面上圆的正等测图是大小相等、形状相同的椭圆，只是长短轴方向不同，如图 4-43 所示。

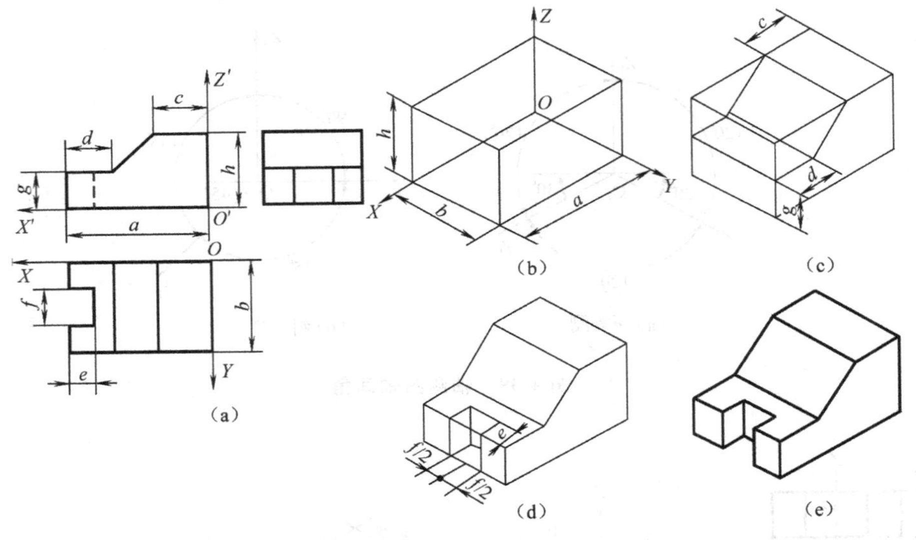

图 4-41　切割法画垫块正等测图

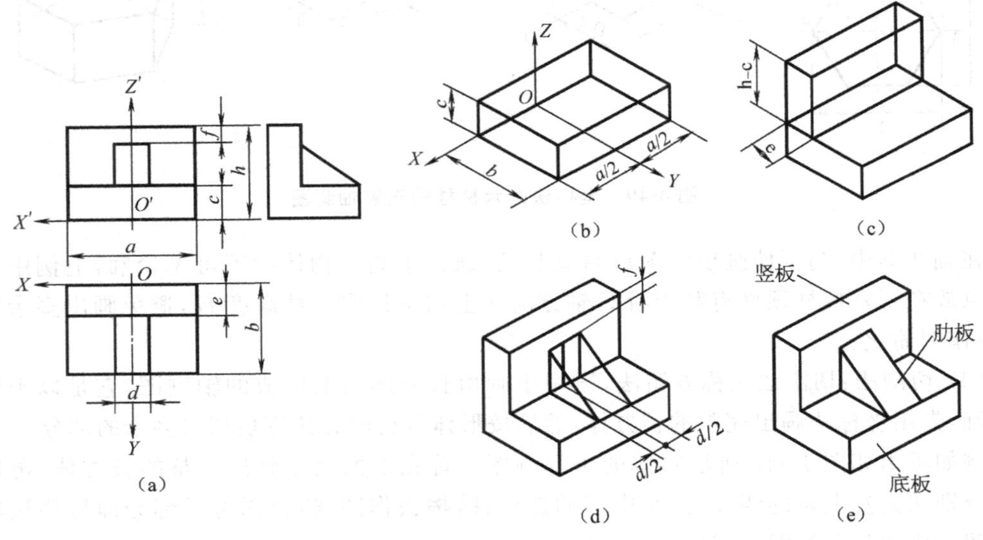

图 4-42　叠加法画压块正等测图

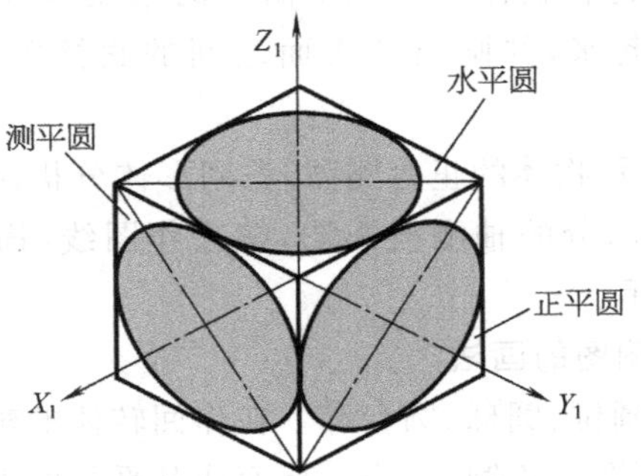

图 4-43　平行于坐标面圆的正等测投影

在实际作图中，一般不要求准确地画出椭圆曲线，经常采用“菱形法”进行近似作图，将椭圆用四段圆弧连接而成。

(1) 坐标平面上圆的正等测图：下面以水平面上圆的正等测图为例，说明“菱形法”近似作椭圆的方法，作图步骤如图 4-44 所示。

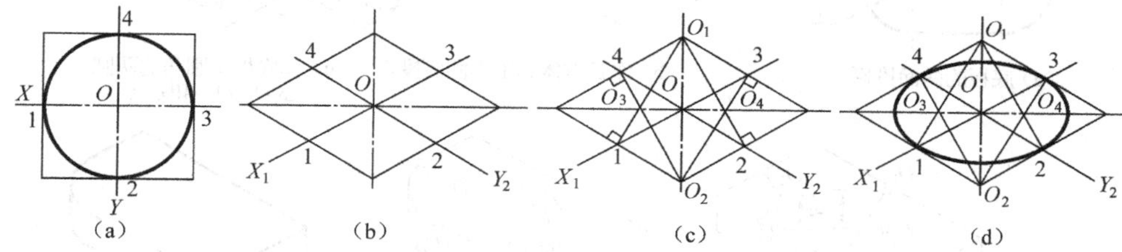

图 4-44　菱形法求近似椭圆

- 如图 4-44a 所示，通过圆心 O 作坐标轴 OX 和 OY，再作圆的外切正方形，切点为 1、2、3、4；
- 如图 4-44b 所示，作轴测轴 OX_1、OY_1，从点 O 沿轴向量得切点 1、2、3、4，过这四点作轴测轴的平行线，得到菱形，并作菱形的对角线；
- 如图 4-44c 所示，过 1、2、3、4 各点作菱形各边的垂线，在菱形的对角线上得到四个交点 O_1、O_2、O_3、O_4，这四个点就是代替椭圆弧的四段圆弧的中心；
- 如图 4-44d 所示，分别以 O_1、O_2 为圆心，$O_1 1$、$O_2 3$ 为半径画圆弧 12、34；再以 O_3、O_4 为圆心，$O_3 1$、$O_4 2$ 为半径画圆弧 14、23，即得近似椭圆；
- 加深四段圆弧，完成全图。

(2) 常见曲面立体的正等轴测投影画法：以圆柱为例，其画法如图 4-45 所示。先在给出的视图上定出坐标轴、原点的位置，并作圆的外切正方形，再画轴测轴及圆外切正方形的正等测图的菱形，用菱形法画顶面和底面上椭圆，然后作两椭圆的公切线，最后擦去多余作图线，描深后即完成全图。

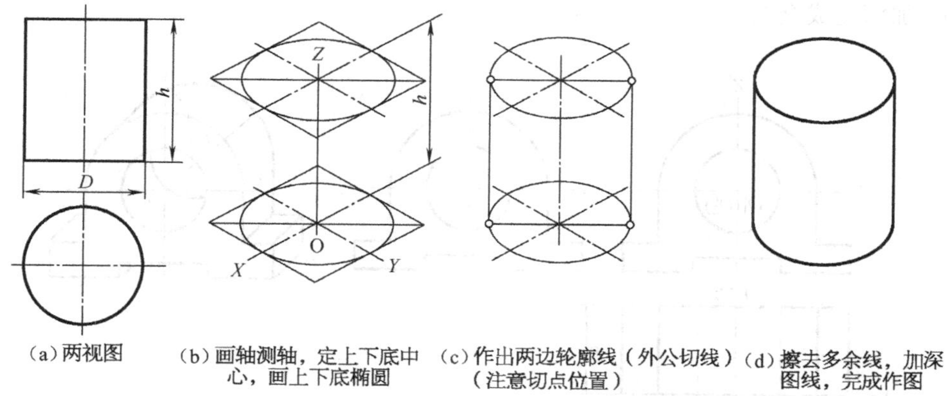

图 4-45　作圆柱的正等测图

(3) 圆角的正等测图画法：圆角的画法可由菱形法画椭圆演变而来，作图步骤如图 4-46 所示。

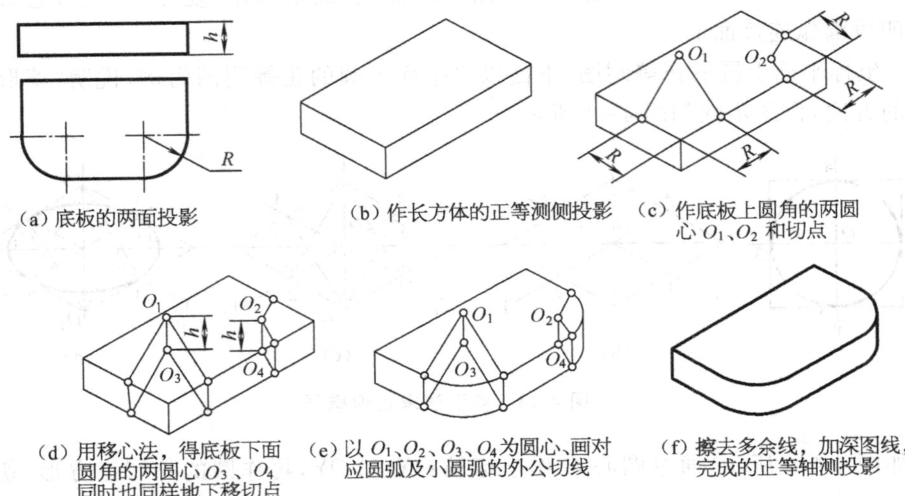

图 4-46　圆角的正等测图

三、斜二测图的画法

根据图 4-47a 所示组合体，画出它的斜二轴测图，作图步骤如图 4-47a～c 所示。

(1) 在两视图中定出直角坐标体系(取前端面的圆心 O_1 为坐标原点)，如图 4-47a 所示。

(2) 先画支座前端面反映真形的正面斜二轴测图，实际上和主视图的形状、大小完全一样，如图 4-47b 所示。

(3) 画轴测轴 O_1Y，并在其上取 $O_1O_2=b/2$，定出圆心 O_2，画出后面可见部分(同前端面的形状和大小一样)，并延轴测轴 O_1Y 轴向作前、后两个半圆轮廓的外公切线，再画出其他可见轮廓线即完成支座的正面斜二轴测图，如图 4-47c 所示。

(4) 加深完成全图。

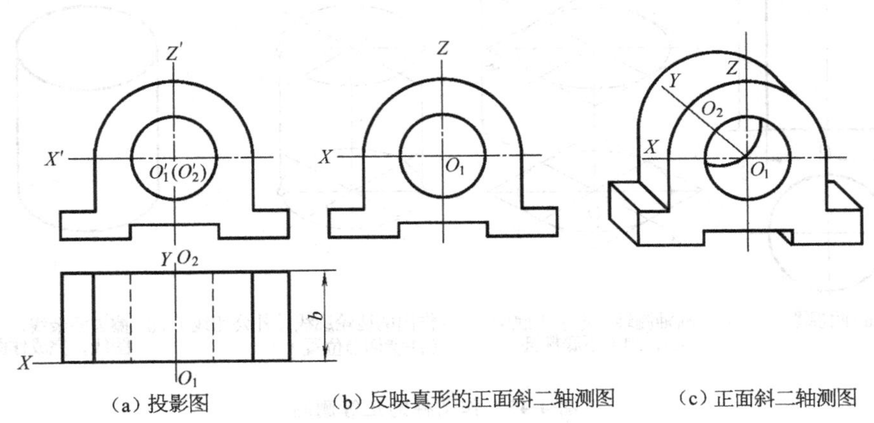

图 4-47　斜二轴测图画法

§4.6　想一想、议一议

1. 已知直齿圆柱齿轮的模数 $m=4\text{mm}$，齿数 $z=30$，则其齿顶圆直径是(　　)。

(a) $d_a=128\text{mm}$；　(b) $d_a=120\text{mm}$；　(c) $d_a=110\text{mm}$

2. 下列关于齿轮参数不正确的叙述是(　　)。

(a) 由于两齿轮啮合时齿距必须相等，所以模数也必须相等；

(b) 分度圆和节圆是两个几乎完全相同的概念，两啮合齿轮的中心距总是等于分度圆半径之和，或节圆半径之和；

(c) 对直齿圆柱齿轮而言，根据模数和齿数可以计算出齿轮的其他参数；

(d) 两齿轮啮合的传动比，等于它们的齿数之比，也等于节圆半径之比

3. 下列关于齿轮画法不正确的叙述是(　　)。

(a) 齿顶圆、齿顶线总是用粗实线绘制；

(b) 齿根圆、齿根线总是用细实线绘制或省略不画；

(c) 对标准齿轮而言，画齿轮啮合图时，一定要保证两分度圆(线)相切；

(d) 在啮合区内，一般将从动轮的轮齿视为不可见，用虚线绘制或省略不画

4. 下列关于键和键槽不正确的叙述是(　　)。

(a) 钩头楔键的上、下底面是工作面，两侧面是非工作面，所以画楔键联接图时，键的两侧面与轴键槽和轮毂键槽侧面间应留有间隙；

(b) 平键的两侧面是工作面，上、下底面是非工作面，所以画平键联接图时，上底面与轮毂键槽顶面之间应留有一定间隙；

(c) 一般用移出剖面或局部视图表达平键键槽的结构和尺寸，在这类图中应直接标出键槽的深度 t 或 t_1；

(d) 根据轴径就可在相关国标中查出键和键槽的所有尺寸

5. 保证零件接触良好，合理地减少加工面积，降低加工费用，一般在联接处制成(　　)。

(a) 退刀槽或砂轮越程槽；　(b) 倒角或倒圆；

(c) 凸台或沉孔；　(d) 钻孔或中心孔

6. 轴套类和盘盖类零件选择主视图安放位置时，应采用(　　)。

(a) 加工位置；　(b) 工作位置；

(c) 形状特征最明显；　(d) 任意位置

7. 表达轴类零件形状一般需要(　　)。

(a) 一个基本视图；　(b) 二个基本视图；

(c) 三个基本视图；　(d) 四个基本视图

8. 移出断面在下列哪种情况下要全标注(　　)。

(a) 断面不对称且按投影关系配置；

(b) 断面对称放在任意位置；

(c) 配置在剖切位置延长线上的断面；

(d) 不按投影关系配置也不配置在剖切位置延长线上的不对称断面

9. 重合断面的轮廓线用(　　)。

(a) 粗实线绘制；　(b) 虚线绘制；

(c) 细实线绘制；　(d) 点画线绘制

10. 正轴测图是(　　)。

(a) 单一中心投影；　(b) 单一斜投影；

(c) 多面正投影；　(d) 单一正投影

11. 正等测的轴间角是(　　)。

(a) 都是 90°；　(b) 90°、135°、135°；

(c) 都是 120°；　(d) 90°、90°、135°

12. 正平圆的斜二测图是(　　)。

(a) 椭圆；　(b) 与原来相同的圆；

(c) 放大 1.22 倍的圆；　(d) 放大 1.22 倍的椭圆

13. 侧平圆中心线的正等测图应平行(　　)。

(a) X、Y 轴；　(b) X、Z 轴；　(c) Y、Z 轴；　(d) 任意两轴

项目五 附 件 拆 卸

§5.1 能力目标

一、知识要求

(1) 知道铸件结构特点。
(2) 了解附件的名称、作用、部位。
(3) 熟练掌握零件图识读方法。
(4) 知道常用零件类型。
(5) 知道第三角投影。

二、技能要求

(1) 会正确拆卸减速器上的附件并复位。
(2) 能熟练识读零件图的表达方法、工艺结构、尺寸标注、技术要求。
(3) 能进行安全文明操作。

§5.2 材料、工量具及设备

(1) 拆装工具、测量工具、清洗和润滑工具减速器等。
(2) 箱体零件图。

§5.3 学习内容

活动1 拆卸减速器上的附件,观察箱体结构

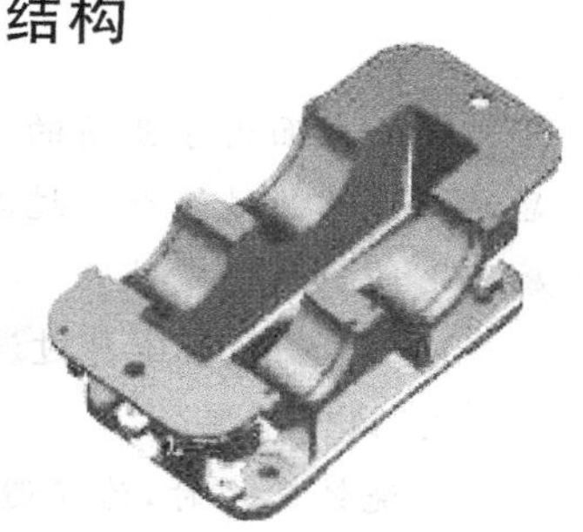

图 5-1 减速器箱体

选用合适工具,找一个干净无灰尘的场地,按顺序拆卸减速器上的油标、放油螺栓等附件,分部位排放整齐(可放入塑料盘中以免丢失),拆卸下的有关配合表面应擦拭干净,并涂以机油。观察箱体结构(见图 5-1)。

减速器箱体毛坯是铸件,主体为薄壁围城的空腔,具有加强肋、凹坑、凸台、铸造圆角、拔模斜度等结构,其结构比较复杂。

知识点 零件上铸造工艺结构

1. 拔模斜度

用铸造方法制造零件的毛坯时，为了便于将木模从砂型中取出，在铸件的内外壁沿木模拔模的方向常设计出一定的斜度(约 1∶20)，称为拔模斜度(或叫起模斜度、铸造斜度)，如图 5-2a 所示。这种斜度在图上可以不标注，也可不画出，如图 5-2b 所示。必要时，可在技术要求中注明。

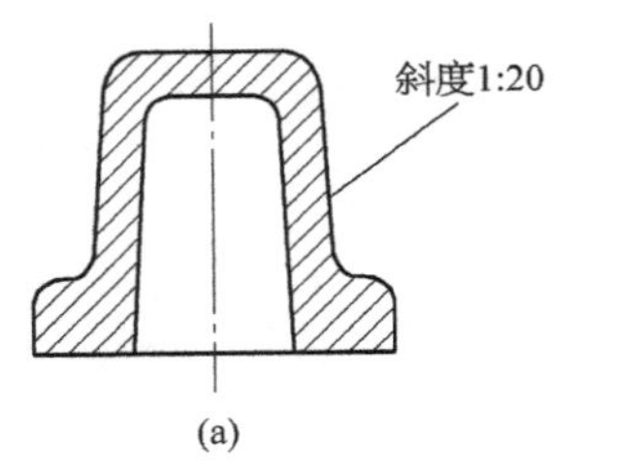

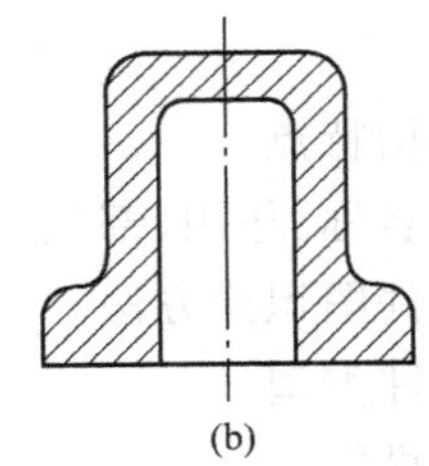

图 5-2 拔 模 斜 度

2. 铸造圆角

在铸件毛坯各表面的相交处，都有铸造圆角(见图 5-3a)，这样既便于起模，又能防止在浇铸时铁水将砂型转角处冲坏，还可避免铸件在冷却时产生裂纹或缩孔(见图 5-3b)。铸造圆角半径在图上一般不注出，而写在技术要求中。

图 5-3a 所示的铸件毛坯底面(作安装面)常需经切削加工，这时铸造圆角被削平。

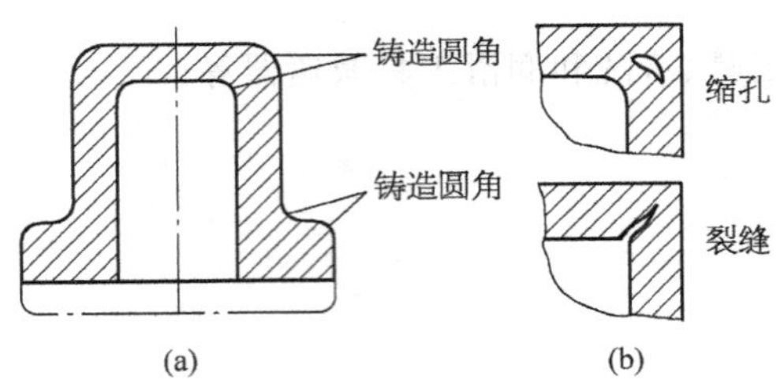

图 5-3 铸 造 圆 角

铸件表面由于圆角的存在，使铸件表面的交线变得不很明显，如图 5-4 所示，这种不明显的交线称为过渡线。过渡线的画法与相贯线画法基本相同，只是过渡线的两端与圆角轮廓线之间应留有空隙。

图 5-5 是几种常见过渡线的画法。

3. 铸件壁厚

在浇铸零件时，为了避免各部分因冷却速度不同而产生缩孔或裂纹，铸件的壁厚应保持大致均匀，或采用渐变的方法，并尽量保持壁厚均匀，见图 5-6。

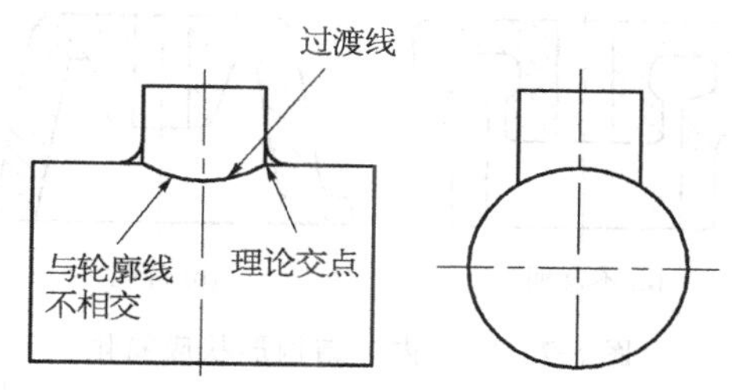

图 5-4　过渡线及其画法

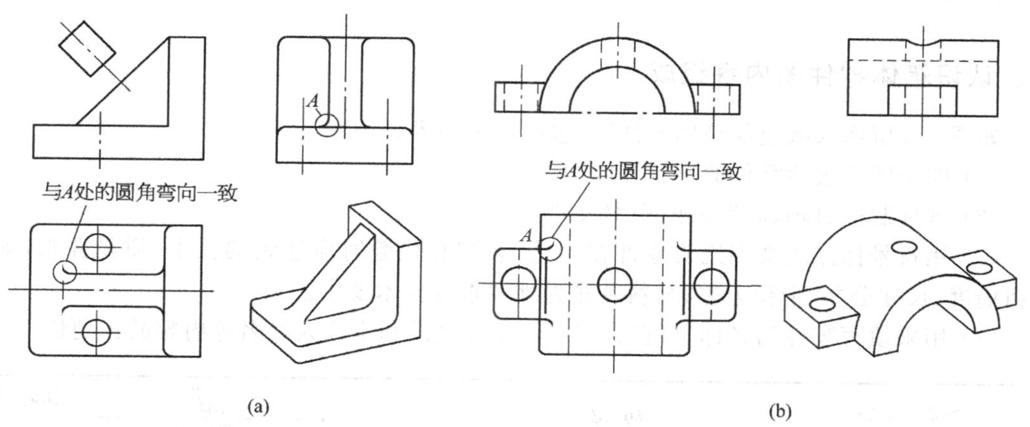

图 5-5　常见的几种过渡线

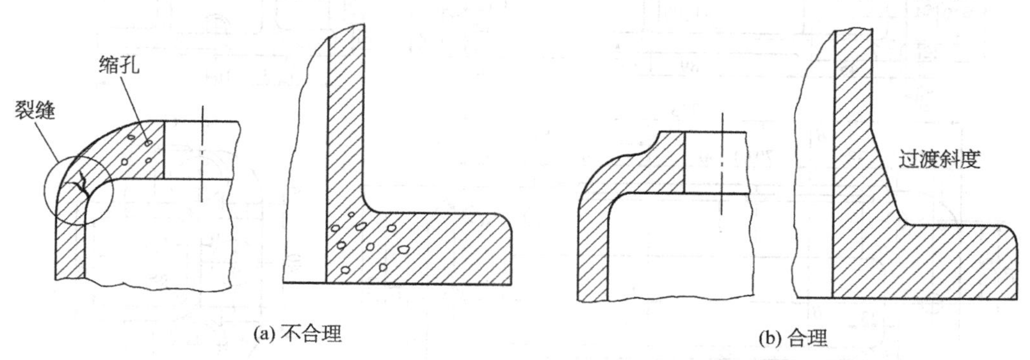

图 5-6　铸件壁厚的变化

为了便于制模、造型、清砂、去除浇冒口和机械加工，铸件形状应尽量简化，外形尽可能平直，内壁应减少凹凸结构，图 5-7a 所示为不合理，如图 5-7b 所示为合理。

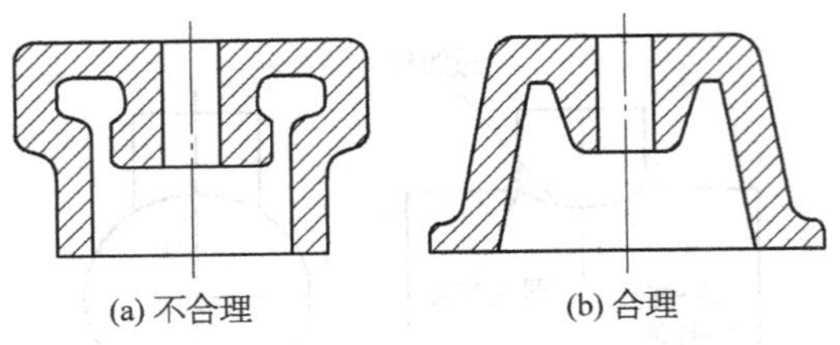

图 5-7 铸件内外结构形状应简化

活动 2 识读箱体零件图

一、认识箱体零件图内容组成

如图 5-8 所示为减速器箱体零件图，包括以下内容：

（1）四个图形表达零件的形状和结构。

（2）零件制造、检验时所需的全部尺寸。

（3）用符号标注或文字说明零件在制造、装配和检验时应达到的技术、质量要求，如表面粗糙度、尺寸公差、形位公差、材料及热处理要求等技术要求。

（4）用来填写零件的名称、材料、比例、数量及制图和审核人姓名等内容的标题栏。

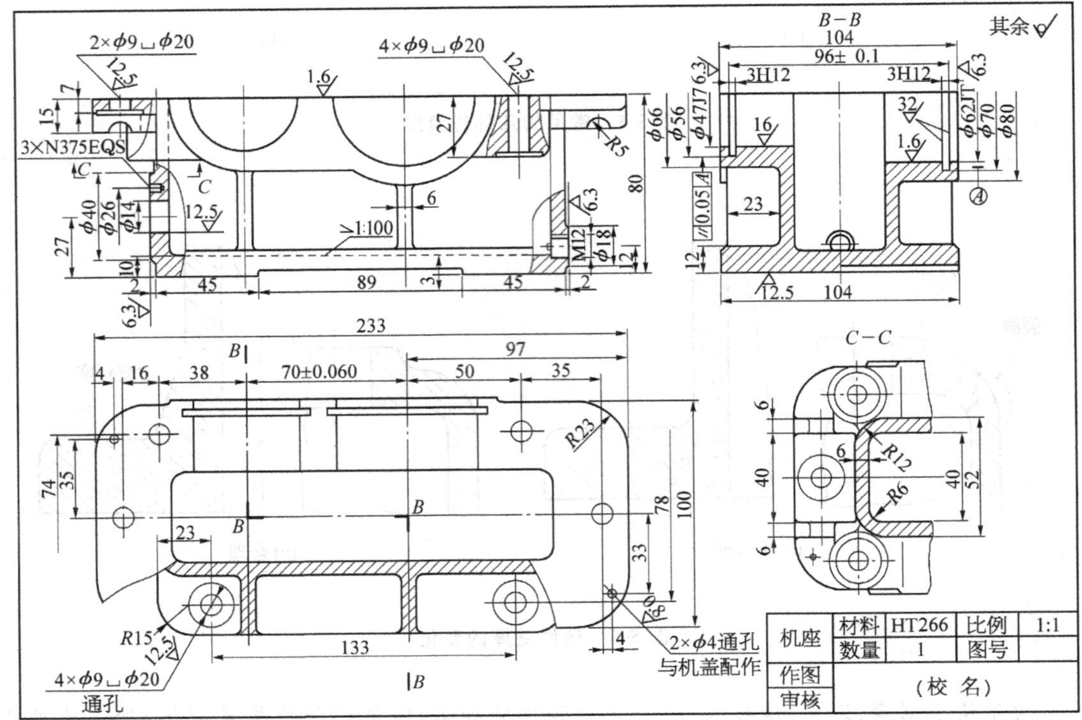

图 5-8 箱体零件图

二、识读箱体零件图的表达方法

该零件图用四个图进行表达：主视图、俯视图、全剖的左视图和 $C-C$ 局部视图。

主视图取工作位置安放，反映了箱体的形状特征。四处局部剖显示了螺栓孔和油标孔、放油孔、定位销孔的内部结构。对照俯视图，可以看出螺栓孔和销钉孔的相对位置。俯视图清晰地表达了箱体各结构的相对位置。局部剖显示了箱体壁厚和加强肋的横截面形状。左视图采用了两个互相平行的剖切面(阶梯剖)对箱体作全剖，显示了箱体壁厚、底部沟槽和轴承孔上槽的结构。$C-C$ 局部剖视图表达了箱体和箱盖联接螺栓底部沉台结构形状，也显示了箱体内壁空腔尺寸。

知识点　剖视图的种类

按机件内部结构的表达需要及其剖切范围，剖视图可分为全剖视图、半剖视图、局部剖视图(局部剖视图前面已介绍)。

1. 全剖视图

用剖切平面完全地剖开机件所得的剖视图称为全剖视图。当不对称的机件外形比较简单，或外形已在其他视图上表达清楚，内部结构比较复杂时，常采用全剖视图表达机件的内部结构形状，如图 5-9 所示。

全剖视图当剖切平面通过机件的对称平面且按投影关系配置，中间又无其他图形隔开时，可省略标注，如图 5-9c 所示的主视图上画成的全剖视图。而左视图上的全剖视图不具备省略标注的条件，则必须按规定方法标注。

2. 半剖视图

当机件具有对称平面时，向垂直于机件的对称平面投影面上投射所得的图形，以对称线(细点画线)为界，一半画成剖视图，另一半画成视图，这样组合的图形称为半剖视图。如图 5-10 所示机件的主、俯、左视图都画成半剖视图。

半剖视图主要用于内、外形状需在同一图上兼顾表达的对称机件，如图 5-10 所示。但当机件外形简单或已在其他视图中表达清楚的对称机件也可画成全剖视图，如图 5-9c 中的左视图上画成的全剖视图。

半剖视图的标注方法及省略标注的情况与全剖视图完全相同，如图 5-10 的主视图和左视图上的半剖视图完全省略了标注，而俯视图上的半剖视图只省略了箭头的标注。

画半剖视图应注意：

- 半个剖视图与半个视图的分界线应是对称线、回转轴线(用点画线表示)；
- 在表示机件外部结构形状的半个视图上，一般不需要再画虚线；
- 半剖视图多半画在主、俯视图的右半边，俯、左视图的前半边，主、左视图的上半个。

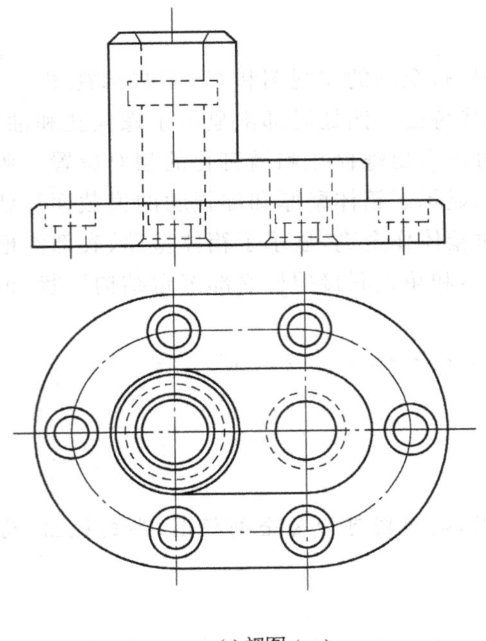

(a) 视图（一）

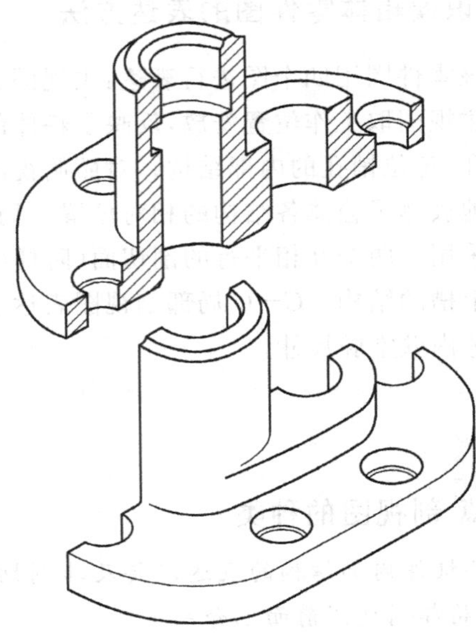

(b) 直观图

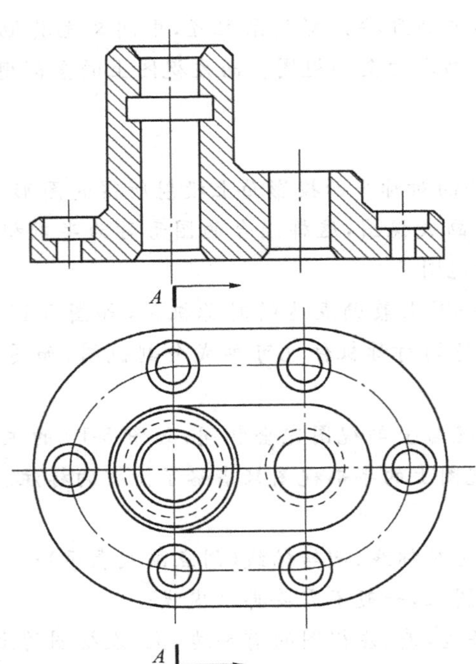

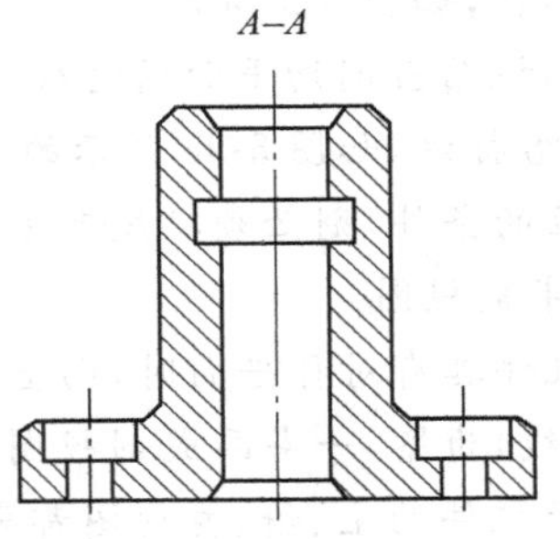

(c) 视图（二）

图 5-9 泵盖的全剖视图

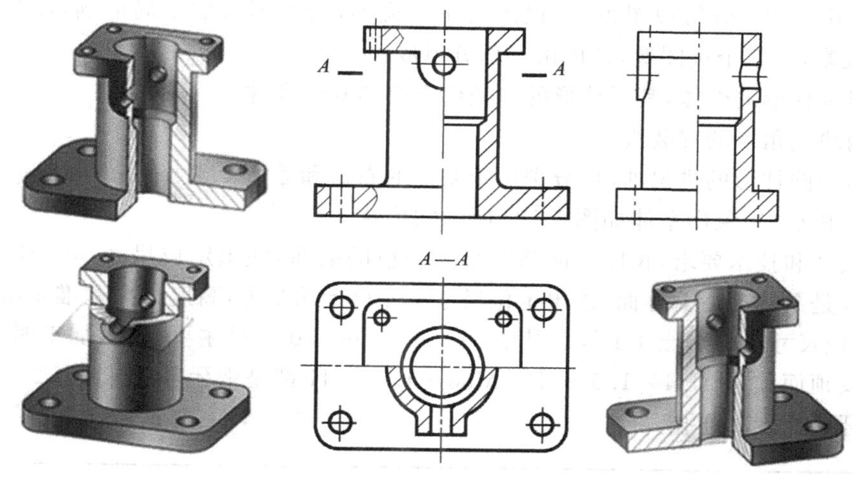

图 5-10　支座的半剖视图

三、识读箱体零件图尺寸标注

在箱体零件图尺寸标注上，考虑加工工艺上的要求，标注了箱体各结构的尺寸。长方向上的主要基准是大轴承孔的轴心线，宽方向尺寸基准是零件的对称面，高方向尺寸基准是箱体和箱盖的结合面 *F*。

主要标出两轴承孔尺寸∅47J7、∅62J7 及两轴承孔之间距离 70±0.060；观察孔尺寸 46×46，观察孔盖定位尺寸 40；左右两联接螺栓孔定位尺寸 35 和定位销定位尺寸 4；4 个联接螺栓沉孔凸台相对左右两联接螺栓沉孔次要基准间距离 20；总体尺寸长×宽＝230×104，定位销孔定位尺寸 35、4，有配合要求的标注尺寸公差如∅47J7、∅62J7、70±0.060、96±0.1。

四、识读箱体零件图上的技术要求

零件各加工表面粗糙度及尺寸精度在零件图上作了标注，各重要表面及重要形体之间标注了形位公差。如标注尺寸公差的有两轴承孔轴心线之间宽度 70±0.060、轴承孔与加工面之间的距离 97、轴承孔两端盖槽之间距离 96±0.1，轴承孔两端盖槽为重要加工结构，要满足配合要求，标注了形状公差 | // | ∅0.005 | A |。

零件各加工表面粗糙度在零件图上作了标注，由于零件各表面的结构不同，配合要求不同，因而粗糙度要求也不同。箱体和箱盖的结合面 *F*、两轴承孔圆柱面为重要加工面，表面粗糙度要求最高为$\overset{1.6}{\bigtriangledown}$；轴承孔两加工端面与轴承端盖配合，粗糙度为$\overset{6.3}{\bigtriangledown}$；箱体底面粗糙度为$\overset{12.5}{\bigtriangledown}$；油槽表面粗糙度为$\overset{3.2}{\bigtriangledown}$；其余非加工面的粗糙度为$\circ\!\!/$。

活动 3　识读箱体、壳体类零件图

图 5-11 所示为泵体零件图，从标题栏可知，零件名称为泵体，属箱体类零件，材料是铸

铁,绘图比例 1∶2。分析视图得,主视图是全剖视图,俯视图采取了局部剖,左视图是外形图。分析投影,从三个视图看,泵体由三部分组成:

(1) 半圆柱形的壳体,其圆柱形的内腔用于容纳其他零件。

(2) 两块三角形的安装板。

(3) 两个圆柱形的进出油口,分别位于泵体的右边和后边。

综合分析后,想象出泵体如图 5-12c 所示的形状。

分析尺寸和技术要求,长度方向基准是安装板的端面,注出定位尺寸 30、28、63 等,宽度方向基准是泵体前后对称面,注出定位尺寸 33、60±0.2 等,高度方向基准是泵体的上端面,注出定位尺寸 50、47±0.1 等。其中 47±0.1、60±0.2 是主要尺寸,加工时必须保证。进出油口及顶面尺寸 M14×1.5－7H、M33×1.5－7H 都是细牙普通螺纹。2×M10－7H 是两个粗牙普通螺纹通孔。

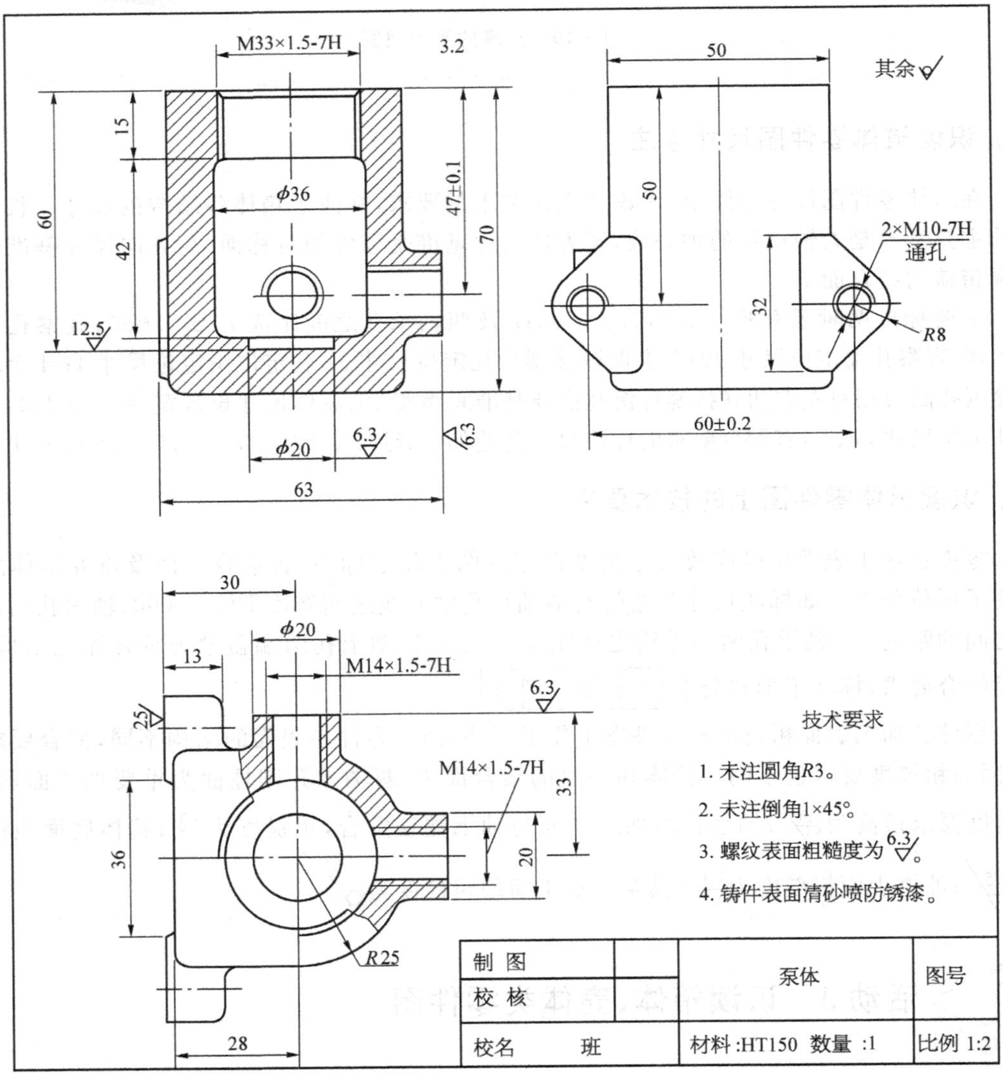
M33×1.5-7H
3.2
其余
2×M10-7H
通孔
R8
M14×1.5-7H
R25
技术要求
1. 未注圆角R3。
2. 未注倒角1×45°。
3. 螺纹表面粗糙度为6.3。
4. 铸件表面清砂喷防锈漆。
制 图
校 核
泵体
图号
校名 班
材料:HT150 数量:1
比例 1:2

图 5-11 泵体零件图

了解技术要求，该零件毛坯是铸件，要经过时效处理，才能进行机械加工。安装端面及几处重要接触面的表面粗糙度 R_a 为 3.2 及 6.3，要求较高，以便对外联接紧密，防止漏油。较次要的加工表面 R_a 为 12.5 及 25，其余仍为铸件原来的表面状态。它对热处理、倒角、螺纹表面粗糙度等提出了四项文字说明要求。

知识点 箱体类零件

箱体类、壳体类零件指各种箱体、外壳、座体等，常见零件如图 5-12 所示。

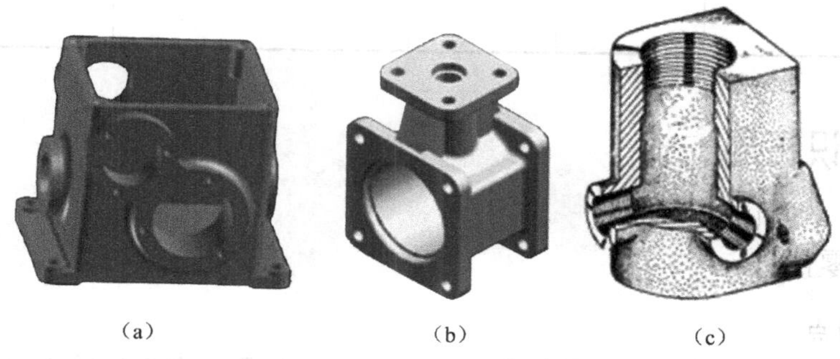

(a)　　(b)　　(c)

图 5-12　常见箱壳类零件

1. 结构特点

箱壳类零件大致由以下几个部分构成：容纳运动零件和贮存润滑液的内腔，由厚薄较均匀的壁部组成，其上有支承和安装运动零件的孔及安装端盖的凸台（或凹坑）、螺孔等，将箱体固定在机座上的安装底板及安装孔，加强肋、润滑油孔、油槽、放油螺孔等。

2. 表达方法

(1) 箱体类零件多数经过较多工序制造而成，各工序的加工位置不尽相同，主视图主要按形状特征和工作位置确定。

(2) 结构形状一般较复杂，常需用三个以上的基本视图进行表达。

(3) 视图投影关系一般较复杂，常会出现截交线和相贯线；由于它们是铸件毛坯，所以经常会遇到过渡线，要认真分析。

3. 尺寸标注

(1) 长度、宽度、高度方向的主要基准为孔的中心线、轴线、对称平面和较大的加工平面、重要安装面作为尺寸基准。

(2) 它们的定位尺寸较多，各孔中心线（或轴线）间的距离要直接标注出来。

(3) 定形尺寸仍用形体分析法标注。

4. 技术要求方面

(1) 箱体重要的孔、表面一般应有尺寸公差和形位公差的要求。

(2) 箱体重要的孔、表面的表面粗糙度参数值较小。

§5.4 考核建议

职业技能考核				职业素养考核			
是否完成	完成情况			安全	卫生	合作	……
	要求1	要求2	……				

§5.5 知识拓展

一、叉架类零件

1. 结构特点

叉架类零件包括各种用途的叉杆和支架零件。叉杆零件多为运动件，通常起传动、联接、调节或制动作用；支架零件通常起支承、联接等作用。此类零件结构大都比较复杂，形状不规则，常有弯曲或倾斜结构，扭拐部位较多，其上常有肋板、轴孔、耳板、底板等结构，局部结构常有油槽、油孔、螺孔、沉孔等。一般分为支承部分（与其他零配合或联接的套筒、叉口、支承板等）、联接部分（高度方向尺寸较小的棱柱体）和安装部分。常见零件有：各种拨叉、连杆、摇杆、支架、支座等。如图 5-13 所示。

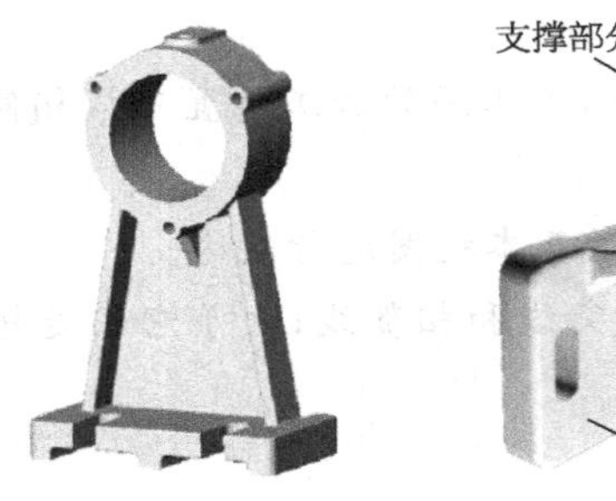
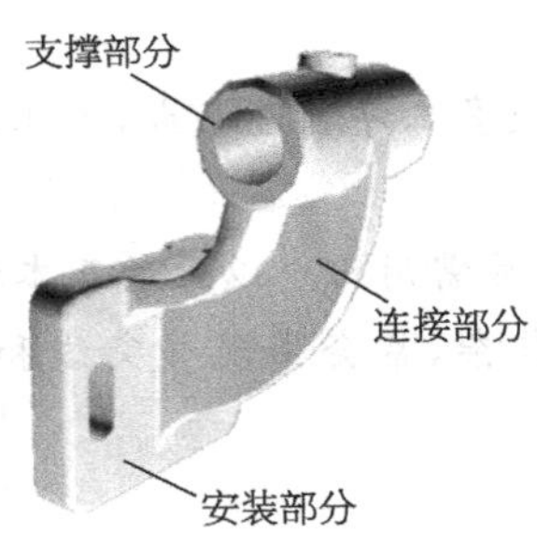

图 5-13　叉架类零件

2. 表达方法

此类零件多数由铸造或模锻制成毛坯，经机械加工而成，形状较复杂，需要经过不同的工序才能完成，因此主视图按照形状特征和工作位置或自然位置确定，其主要轴线或平面应平行或垂直于投影面；除主视图外，一般还需 1～2 个基本视图才能将零件的主要结构表达清楚。由于零件不规则，其他视图要配合主视图，没有表达清楚的结构采用断面图、局部剖视和斜视图、局部放大图来表达，如图 5-14 所示。

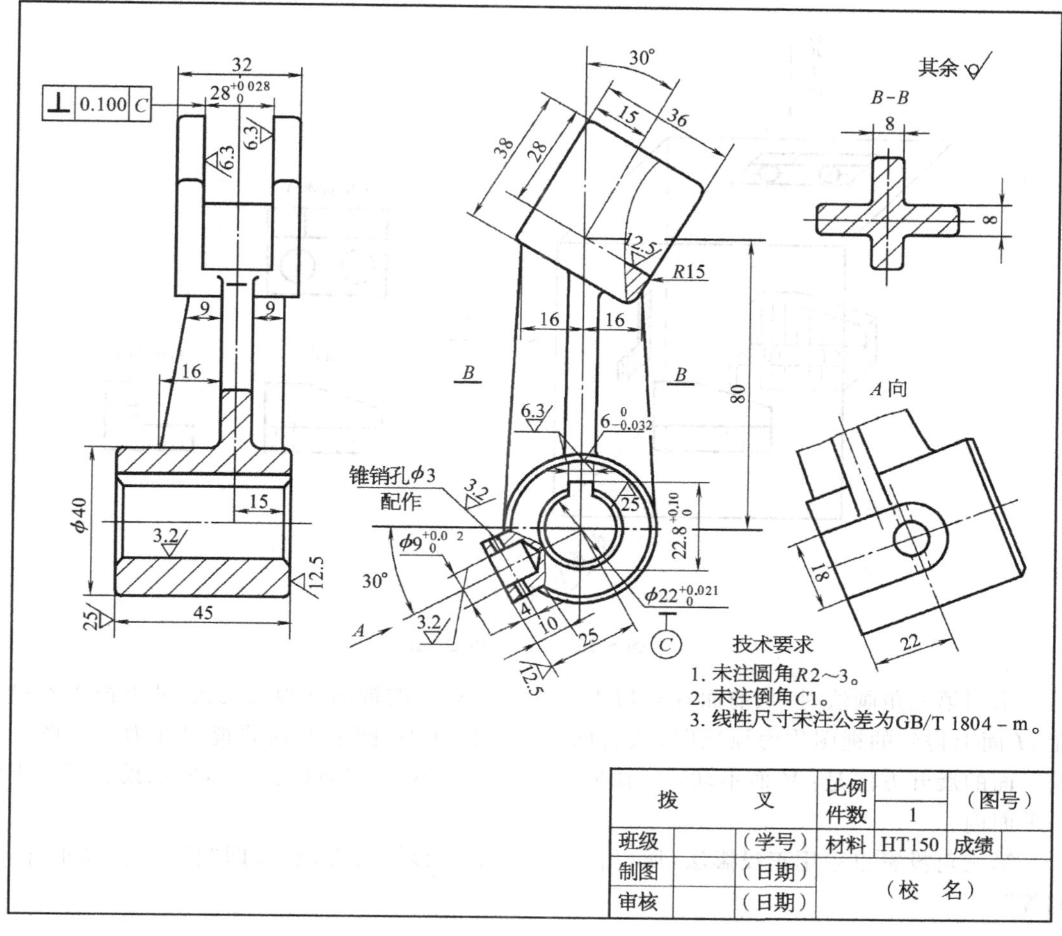

图 5-14　拨叉零件图

3. 尺寸标注

长度、宽度、高度方向的主要基准一般为孔的中心线、轴线、对称平面和较大的加工平面。定位尺寸较多，一般要标注出孔中心线(或轴线)间的距离，或孔中心线(轴线)到平面的距离、平面到平面的距离。定形尺寸一般采用形体分析法标注尺寸，起模斜度、圆角也要标注出来。

4. 技术要求方面

一般有加工要求、铸锻要求；表面粗糙度、尺寸公差和形位公差没有特殊的要求。

二、第三角投影

目前，在国际上使用的投影法有两种，即第一角投影和第三角投影。我国的国家标准 GB/T 14692—1993 中规定，机械图样“应按第一角投影布置六个基本视图”，美国、日本等国家均采用第三角投影。

如图 5-15 所示，将机件置于第三分角内，并使投影面处于观察者与物体之间而得到的多面投影称为第三角投影。在第三角投影中，观察者、物体、投影面三者之间的位置关系是：观察者—投影面—物体。

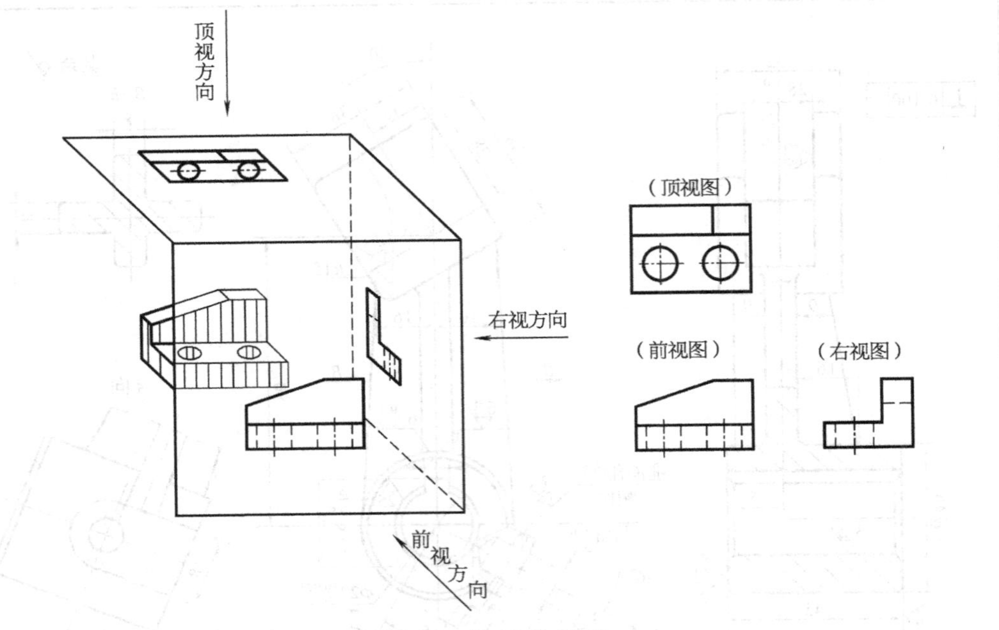

图 5-15 第三角画法

采用第三角画法时，从前面观察物体在 V 面上得到的视图称为前视图；从上面观察物体在 H 面上得到的视图称为顶视图；从右面观察物体在 W 面上得到的视图称为右视图。各投影面的展开方法是：V 面不动，H 面向上旋转 90°，W 面向右旋转 90°，使三投影面处于同一平面内。

第三角投影也采用正投影法，所以仍然遵守正投影的投影规律，即“长对正、高平齐、宽相等”。

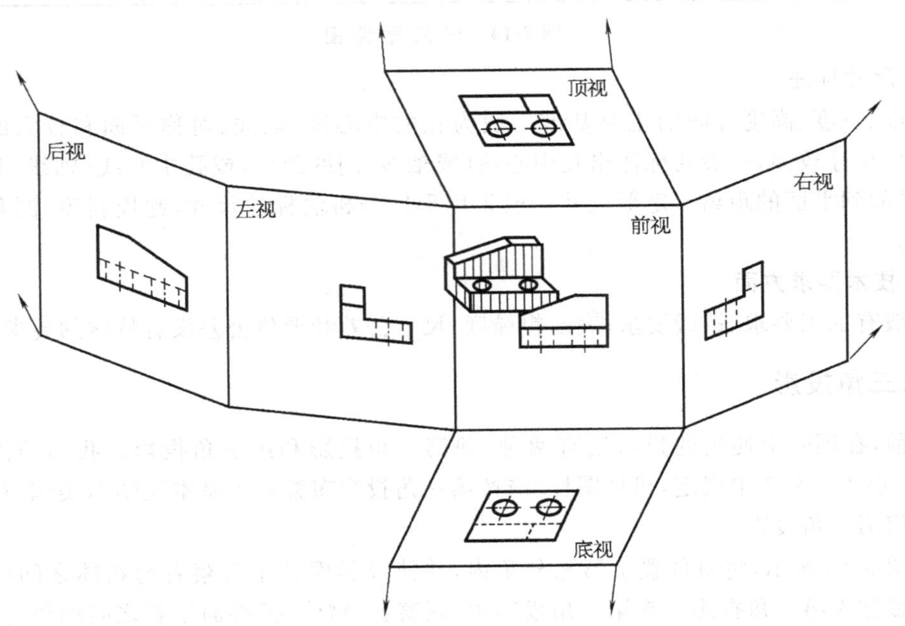

图 5-16 第三角投影的视图配置

采用第三角画法时，也可以将物体放在正六面体中，分别从物体的六个方向向各投影面进行投影，得到六个基本视图，即在三视图的基础上增加了后视图（从后往前看）、左视图（从左往右看）、底视图（从下往上看）。第三角投影的视图配量如图 5-16 所示。

第一角投影是将物体放在观测者与投影面之间进行的投影，并且保持观测者—物体—投影面的相对关系。物体向投影面投影时的投影线，与观测者的视线方向相同。第三角投影是将投影面放在观测者与物体之间进行投影，此时保持观测者—投影面—物体的相对关系，物体向投影面投影时的投影线，与观测者的视线方向相反，并且还假定投影面为透明的平面。所以，由两种投影法所做的同一物体的投影图位置关系不同，如图 5-17 所示。

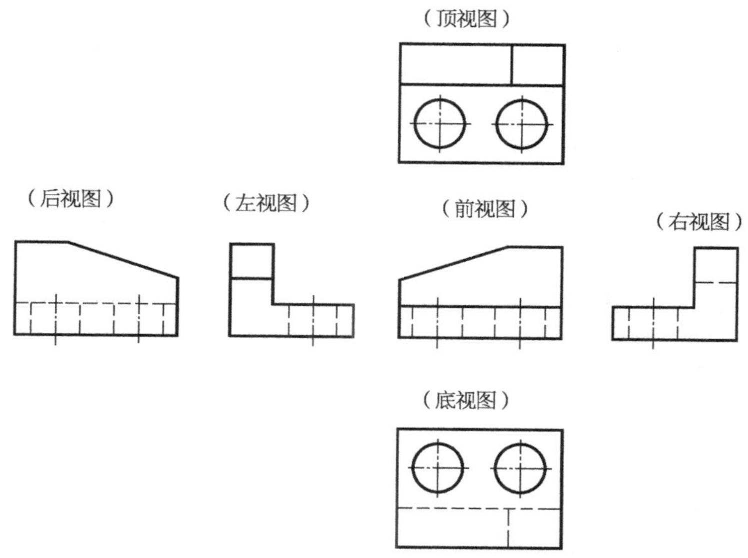

图 5-17　展开后六个第三角视图的配置

国际标准化组织认定第一角投影为首选表示法，必要时（如按合同规定等）才允许使用第三角法，并且在标题栏附近必须画出所采用画法的识别符号。第一角画法的识别符号如图 5-18a 所示，第三角画法的识别符号如图 5-18b 所示。

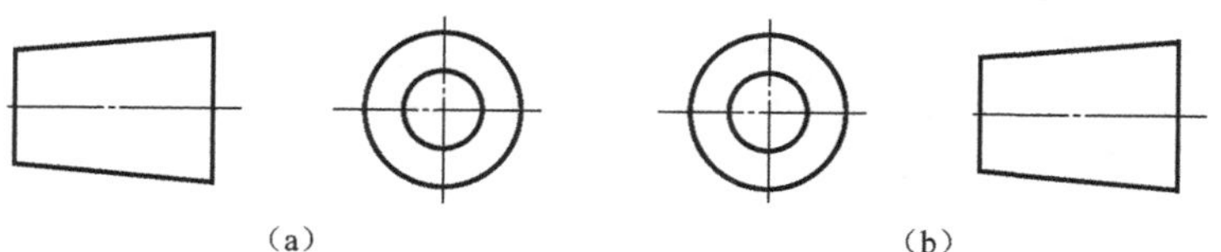

图 5-18　两种投影的识别符号

§5.6　想一想、议一议

1. 在图样表达中，铸件的拔模斜度（　　）。

(a) 必须画出；　　(b) 可以不画，只在技术要求中说明；

(c) 允许只按大端画出；　　(d) 必须画出，且在技术要求中说明

2. 按机件被剖开的范围来分，剖视图可分为(　　)。

(a) 全剖；　(b) 斜剖；　(c) 局部剖；　(d) 半剖；

(e) 阶梯剖；　(f) 旋转剖

3. 半剖视图中视图部分与剖视图部分的分界线是(　　)。

(a) 点画线；　(b) 波浪线；　(c) 粗实线；　(d) 双点画线

4. 叉架类和箱壳类零件选择主视图安放位置时，应采用(　　)。

(a) 加工位置；　(b) 工作位置；

(c) 形状特征最明显；　(d) 任意位置

项目六　简单机械设备装配

§6.1　能力目标

一、知识要求

(1) 了解装配结构。
(2) 知道装配图尺寸标注要求。
(3) 知道装配图的作用与内容。
(4) 理解极限与配合概念。
(5) 知道装配图的表达方法。
(6) 知道常用材料的牌号、用途。

二、技能要求

(1) 能识读装配图。
(2) 能正确清洗和润滑齿轮。
(3) 能正确安装减速器。
(4) 能进行安全文明操作。

§6.2　材料、工量具及设备

(1) 齿轮减速器、拆装工具、清洗和润滑工具等。
(2) 减速器装配图。

§6.3　学习内容

活动 1　识读齿轮减速器的装配图

一、认识齿轮减速器装配图

图 6-1 为齿轮减速器装配图，是表达减速器部件的联接、工作原理和零件之间装配关系的一种图样。在设计过程中一般先根据设计要求画出装配图，并通过装配图表达各组零件

在机器或部件上的作用和结构以及零件之间的相对位置和联接方式，以便正确绘制零件图。装配图也是机器或部件进行装配、调试、使用和维修时的依据。

从图 6-1 齿轮减速器装配图中可以看出一张完整的装配图应具备以下基本内容：

（1）一组视图：用一般表达方式和特殊表达方式正确、完整清晰地表达机器或部件的工作原理，各零件之间的装配关系，零件的联接方式，传动路线以及零件的主要结构形状等。

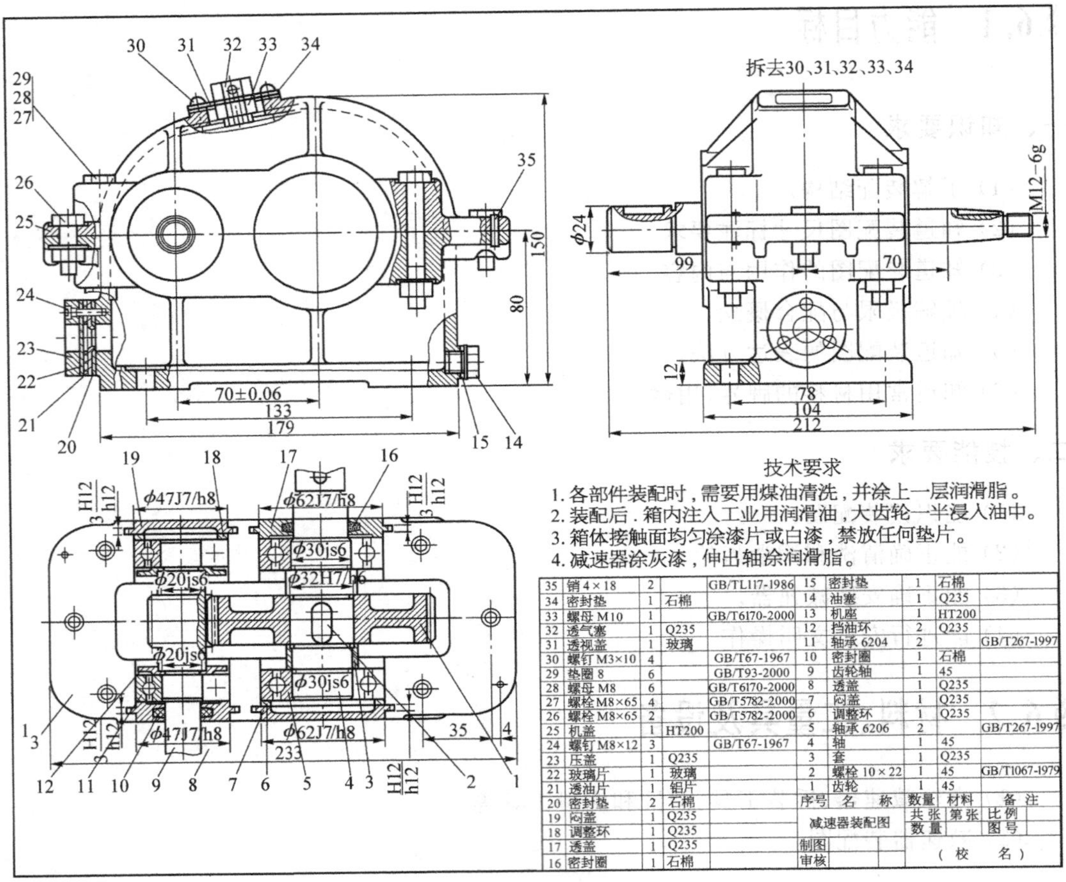

技术要求

1. 各部件装配时，需要用煤油清洗，并涂上一层润滑脂。
2. 装配后．箱内注入工业用润滑油，大齿轮一半浸入油中。
3. 箱体接触面均匀涂漆片或白漆，禁放任何垫片。
4. 减速器涂灰漆，伸出轴涂润滑脂。

序号	名称	数量	材料	备注	序号	名称	数量	材料	备注
35	销 4×18	2		GB/TL117-1986	15	密封垫	1	石棉	
34	密封垫	1	石棉		14	油塞	1	Q235	
33	螺母 M10	1		GB/T6170-2000	13	机座	1	HT200	
32	透气塞	1	Q235		12	挡油环	2	Q235	
31	透视盖	1	玻璃		11	轴承 6204	2		GB/T267-1997
30	螺钉 M3×10	4		GB/T67-1967	10	密封圈	1	石棉	
29	垫圈 8	6		GB/T93-2000	9	齿轮轴	1	45	
28	螺母 M8	6		GB/T6170-2000	8	透盖	1	Q235	
27	螺栓 M8×65	4		GB/T5782-2000	7	闷盖	1	Q235	
26	螺栓 M8×65	2		GB/T5782-2000	6	调整环	1	Q235	
25	机盖	1	HT200		5	轴承 6206	2		GB/T267-1997
24	螺钉 M8×12	3		GB/T67-1967	4	轴	1	45	
23	压盖	1	Q235		3	套	1	Q235	
22	玻璃片	1	玻璃		2	螺栓 10×22	1	45	GB/T1067-1979
21	透油片	1	铝片		1	齿轮	1	45	
20	密封垫	2	石棉		序号	名称	数量	材料	备注
19	闷盖	1	Q235		减速器装配图		共张	第张	比例
18	调整环	1	Q235				数量		图号
17	透盖	1	Q235		制图		（校名）		
16	密封圈	1	石棉		审核				

图 6-1　齿轮减速器装配图

（2）必要的尺寸：根据装配图拆画零件图以及装配、检验、安装、使用机器时的需要，装配图中必须标出反映机器的规格、安装情况、部件和零件的相对位置、配合要求和机器总体大小等尺寸。

（3）技术要求：用文字或符号说明机器或部件的性能、装配和调试要求、验收条件、使用和试验时应该达到的技术条件。

（4）标题栏：说明机器或部件的名称、图号、比例、重量、数量、制图、校核、日期、以及设计单位的名称等。

（5）零件的编号和明细表：为了便于读图、图纸管理和组织生产，装配图中必须对每种零件进行编号，并编制相应零件明细表。明细表用于说明机器或部件上各个零件的名称、序号、数量、材料以及备注等。序号的另一个作用是将明细表与图样联系起来，在看图时便于找到零件的位置。

要正确、清晰地表达齿轮减速器的装配关系，必须使用装配图。

知识点 装配图中零件序号的编排与标注

1. 零件序号的编排

装配图上对每个零件或部件都必须编注序号或代号，并填写明细表，以便生产、看图和图样管理。装配图中序号引线形式如图 6-2 所示。

(1) 序号应标注在图形轮廓线的外边，并填写在指引线的横线上或圆内，序号字高应比图上尺寸数字大一号或二号。指引线应从所指零件的可见轮廓内引出，如图 6-2a 所示。

(2) 若所指部分不便画圆点时，可在指引线末端画出箭头，如图 6-2b 所示。

(3) 指引线不要彼此相交。

(4) 必要时，指引线可画成折线，但只允许弯折一次。

(5) 对于零件组，允许采用公共指引线，如图 6-2c。

(6) 每一种零件只编写一个序号。

(7) 沿水平或垂直方向按顺时针或逆时针次序排列整齐。

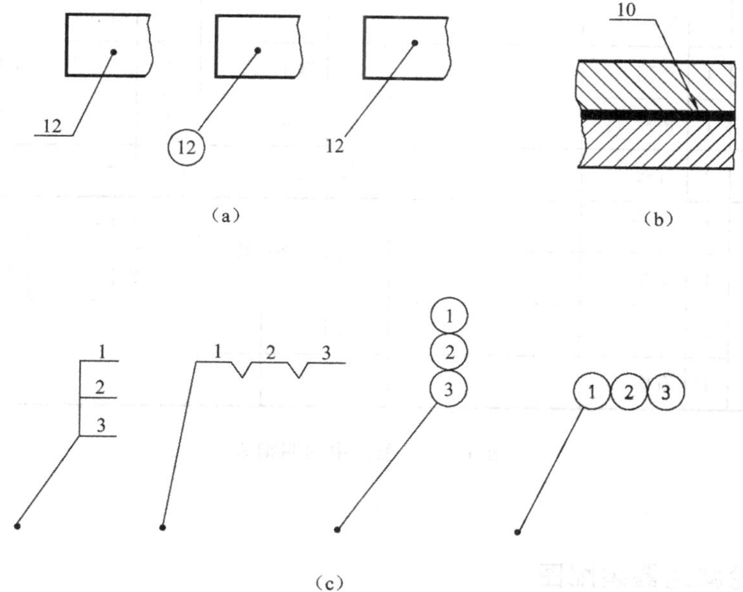

图 6-2　装配图中序号引线

2. 零件明细表

零件的明细表一般画在标题栏的上方，并与标题栏对正，标题栏上方位置不够时，可在标题栏左方继续列表。明细表中，零件序号应由下向上排列。明细表的外框为粗实线，内格为细实线，明细表终止线要画成细实线，以便增加零件时可以继续向上增加内容(见图 6-3)。

35	销 4×18	2		GB/T 117—1986	15	密封垫	1	石棉	
34	密封垫	1	石棉		14	油塞	1	Q235	
33	螺母 M10	1		GB/T 6170—2000	13	机座	1	HT200	
32	透气塞	1	Q235		12	挡油环	2	Q235	
31	透视盖	1	玻璃		11	轴承 6204	2		GB/T 276—1997
30	螺钉 M3×10	4		GB/T 67—1976	10	密封圈	1	石棉	
29	垫圈 8	6		GB/T 93—2000	9	齿轮轴	1	45	
28	螺母 M8	6		GB/T 6170—2000	8	透盖	1	Q235	
27	螺栓 M8×65	4		GB/T 5782—2000	7	闷盖	1	Q235	
26	螺栓 M8×65	2		GB/T 5782—2000	6	调整环	1	Q235	
25	机盖	1	HT200		5	轴承 6206	2		GB/T 276—1997
24	螺钉 M3×12	3		GB/T 67—1976	4	轴	1	45	
23	压盖	1	Q235		3	套	1	Q235	
22	玻璃片	1	玻璃		2	键 10×22	1	45	GB/T 1096—1979
21	透油片	1	铝片		1	齿轮	1	45	
20	密封垫	2	石棉		序号	名　称	数量	材　料	备　注
19	闷盖	1	Q235		减速器装配图		共　张	第　张	比　例
18	调整环	1	Q235				数　量		图　号
17	透盖	1	Q235		制图			(校　名)	
16	密封圈	1	石棉		审核				

图 6-3　装配图中的明细表

二、识读齿轮减速器装配图

1. 概括了解装配图

从标题栏、明细表中可知，该装配体是齿轮减速器，共有 35 种零件，其中标准件为11 种，其余为非标准件。主要零件是轴、齿轮、箱盖和箱体。

减速器的装配图采用了主视图、俯视图、左视图三个基本视图来表达其内外部结构。按工作位置确定的主视图，主要表达减速器的整体外形特征。主视图在观察孔、联接螺栓、定位销钉、油标处采用局部剖，绝大多数零件的位置及装配关系基本上表达清楚。俯视图沿箱盖与箱体结合面剖切，这样减速器的工作原理、两轴系部件的联接装配关系表达清楚，两齿轮啮合处用局部剖；左视图补充表达减速器的整体外形轮廓，采用拆卸画法（拆去观察孔盖板），齿轮轴和从动轴上装配键处用局部剖表达键和轴的配合关系，地脚螺栓孔处用局部剖表达内部结构。

2. 分析减速器的结构

由图 6-1 齿轮减速器装配图，减速器的结构有：

(1) 主要装配干线。减速器有两条主要装配干线，一条以齿轮轴（主动轴）的轴线为公共轴心线，小齿轮居中，有闷盖 19、两个滚动轴承 11、两个挡油环 12 和一个透盖 8、密封圈 10 装配而成。小齿轮与轴做成整体，称为齿轮轴；另一条装配干线是以与大齿轮配合的从动轴的轴线为公共轴心线，大齿轮居中，有透盖 17、两个滚动轴承 5、一个调整环 6、轴套 3 和闷盖 7、密封圈 16 装配而成。从动轴与大齿轮用平键联接。

(2) 减速传动装置。主要零件有输入齿轮轴、输出轴、大齿轮、键、轴承。

(3) 定位联接装置。减速器箱体、箱盖间定位联接主要零件是螺栓联接件、垫圈、螺母、销钉，这样使减速器的箱体、箱盖能重复拆装，并保证安装精度。

轴向定位装置主要零件有透盖、闷盖、、轴承、定位轴套、调整环。两轴由轴承支撑，轴的位置靠轴承等零件组合确定，轴在工作时只会旋转，不允许沿轴线方向移动。从俯视图可看出，齿轮轴上装有滚动轴承 11、挡油环 12、闷盖 19、透盖 8，从动轴装有透盖 17、滚动轴承 5、一个调整环 6、轴套 3 和闷盖 7，从而使轴轴向定位。调整环 6 的作用是调整轴工作时的受热伸长和安装间隙。

(4) 润滑、密封装置。主要零件有箱体，箱盖，齿轮，轴承。本减速器需要润滑的部位有齿轮轮齿和轴承。齿轮轮齿的润滑是飞溅润滑方式，由齿轮旋转时将油携带，引起飞溅和雾化，不仅润滑齿轮，还散布到各部位。润滑油高度由油标测定，轴承由润滑脂润滑。

密封装置主要零件有透盖 8 和 17，闷盖 19 和 7，密封圈 16 和 10。为了防止润滑油泄漏，减速器一般都设计密封装置，本减速器采用嵌入式密封装置。挡油圈的作用是借助它旋转时的离心力，将油环上的油甩掉，以防止飞溅的润滑油进入滚动轴承内圈而稀释润滑脂。

(5) 观察装置。主要零件有观察孔盖、油标组件。观察装置由箱盖上方的观察孔及箱体左下部油标组件组成。观察孔主要用来观察齿轮的运转情况及润滑情况。油标的作用是监视箱体内润滑油面是否在适当的高度。油面过高，会增大大齿轮运转的阻力从面损失过多的传动功率；油面过低则齿轮、轴承的润滑会不良，甚至不能润滑，使减速器很快磨损和损坏。

(6) 通气平衡装置。该装置主要零件是通气螺钉。箱盖上方的通气螺钉用来平衡箱体内外的气压，使其基本相等，否则会因箱体内的压力过高而增加运动阻力，同时会增加润滑油的泄漏。

齿轮减速器装配体爆炸图如图 6-4 所示。

图 6-4　齿轮减速器装配爆炸图

知识点　识读装配图的要求、方法和步骤

1. 读装配图的基本要求

了解装配体的名称、用途、性能和工作原理。了解各零件间的相对位置、联接形式、装配关系等。了解各零件的作用、结构形状。了解装配体的技术要求、装配和拆卸顺序。

2. 读装配图的基本方法和步骤

首先根据标题栏、明细表和查阅的有关资料了解装配体的名称、用途、零件数量及大致的组成情况。其次分析、阅读装配图时，应分析其采用了哪些表达方法，为什么采用这种表达方法，并找出各视图间的投影关系，进而明确各视图所表达的内容。

3. 了解工作原理和装配关系

经过分析，进一步了解部件的运动、支撑、润滑、密封等结构，弄清零件间的配合性质、联接方式，了解部件的工作原理、装配关系。

4. 了解零件的结构形状和作用

通过分析，已对大部分零件的结构、形状和作用有了清晰的了解，但对少数较为复杂的零件还需进一步的分析。首先要分离零件，利用投影关系、剖面线的方向和间隔、零件的编号以及装配图的规定画法和特殊表达方式等分离零件，然后想象其形状，了解其作用。

5. 归纳总结

在对装配图关系和主要零件的结构进行分析研究的基础上，还要对技术要求及尺寸进行分析研究，进一步了解机器或部件的设计意图和装配的工艺性。

3. 分析装配图的画法

(1) 箱体、箱盖等相邻零件的接触面和配合面只画一条线。但像螺栓、螺栓孔两相邻零件的基本尺寸不同，即使间隙很小，也画出两条线。

(2) 在剖视图中，相邻两零件的剖面线方向相反，或者方向一致，但间隔不同。如图6-1中齿轮减速器的箱盖和机体的剖面线画法。

(3) 对于螺纹紧固件以及实心轴、键、销等零件，剖切平面通过其对称平面或轴线时，则这些零件均按不剖绘制，如图6-1中的螺栓和螺母。

(4) 俯视图沿零件结合面进行剖切，结合面上不画剖面线，剖切到的其他零件仍应画剖面线。

(5) 螺栓和螺母的头部，采用简化画法。

(6) 滚动轴承采用了规定画法。

(7) 零件的工艺结构如圆角、倒角、退刀槽等均不画出。

(8) 薄垫片的厚度、小间隙等夸大画出。

(9) 相同的零件组(如螺纹、紧固件组等)详细地画出一处，其余各处以点画线表示其位置。

知识点 装配图中的画法

装配图需要表达的是部件的总体情况，针对装配图的特点，为了清晰简便地表达出部件结构，国家标准《机械制图》对画装配图提出了一些规定画法和特殊的表达方法。

1. 装配图的规定画法

(1) 相邻零件的接触面和配合面只画一条线，但当两相邻零件的基本尺寸不同时，即使间隙很小，也必须画出两条线，如图6-5中轴承与轴配合和螺母与垫圈接触只画一条线，键和齿轮、齿轮和轴之间画两条线。

(2) 在剖视图中，相邻两零件的剖面线方向应相反，或者方向一致，但间隔不同。如图6-5中机座和轴承的剖面线画法。

(3) 对于螺纹紧固件以及实心轴、手柄、连杆、球、钩、键、销等零件，如果剖切平面通过其对称平面或轴线时，则这些零件均按不剖绘制，如图6-5中的轴、螺栓和螺母。

2. 装配图的特殊表达方法

(1) 沿零件的结合面剖切和拆卸画法：装配图中常有零件间互相重叠现象，即某些零件挡住了要表达的结构或装配关系。这时可假想将某些零件拆去后，再画出某一视图，或沿零件结合面进行剖切，这时结合面上不画剖面线，但剖切到的其他零件仍应画剖面线，如图6-6中的俯视图，沿轴承盖与轴承座的结合面剖开，拆去上面部分，以表达轴瓦与轴承座的装配情况。

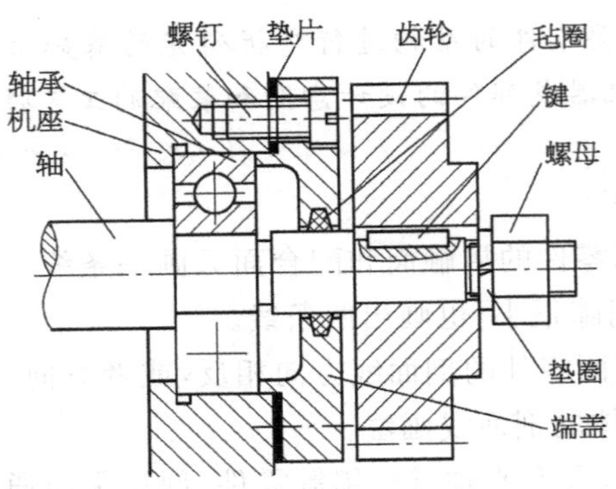

图 6-5 装配图的画法

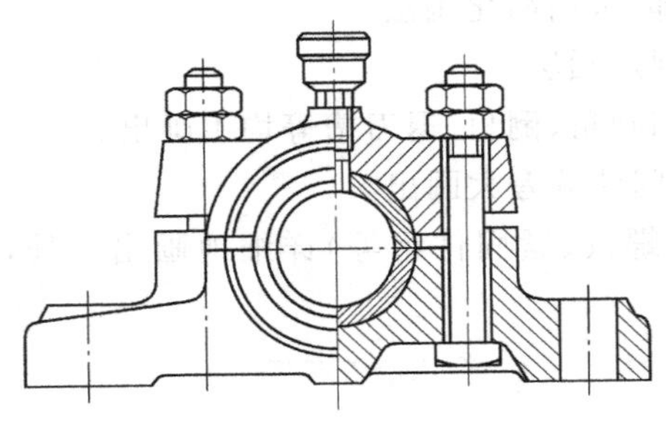

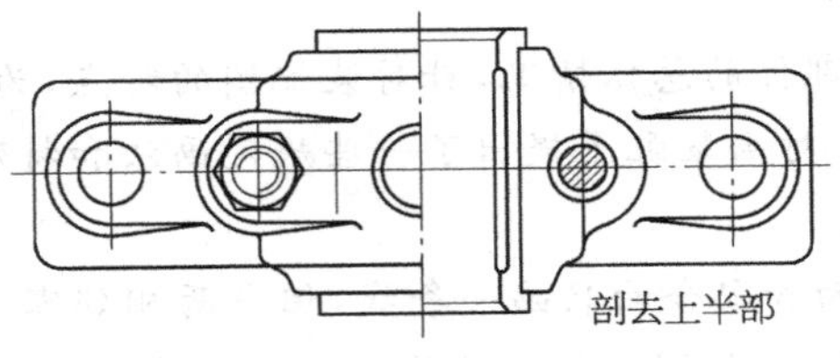

图 6-6 沿零件的结合面剖切和拆卸画法

(2) 简化画法：

• 对于装配图中较小的螺栓和螺母的头部，允许采用简化画法。如图 6-5 中螺栓和螺母头部的画法；

• 滚动轴承可在装配图中采用规定画法或特殊画法。如图 6-5 中滚动轴承采用了规定画法；

• 装配图中，零件的工艺结构如圆角、倒角、退刀槽等均可以不画出。如图 6-5 中轴的圆角、倒角、退刀槽等均不画出；

• 相同的零件组(如螺纹、紧固件组等)，允许详细地画出一处，其余各处以点画线表示其位置，如图 6-5 中螺钉的画法。

(3) 假想画法：与本装配体有关但不属于本装配体的相邻零部件，以及运动机件的极限位置，可用双点画线画出该运动件的外形轮廓，如图 6-7 所示。

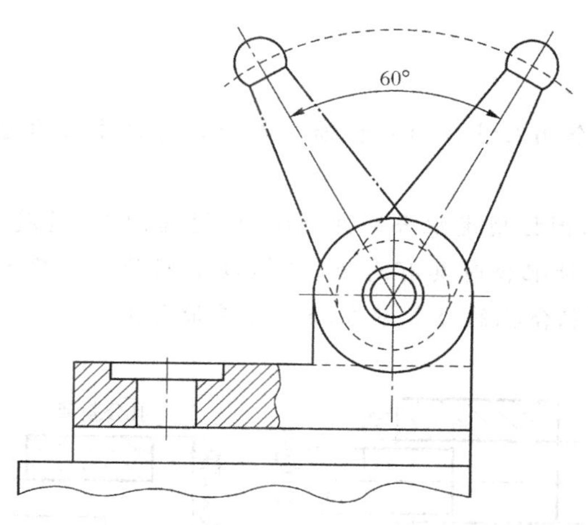

图 6-7　假想画法

(4) 夸大画法：对于直径或厚度小于 2mm 的较小零件或较小间隙，如薄片零件、细丝弹簧等，若按它们的实际尺寸在装配图中很难画出或难以明显表示时，可不按比例而采用夸大画法，如图 6-5 中垫片涂黑画出。

4. 分析装配图中的尺寸

(1) 规格尺寸。它反映了部件或机器的规格和工作性能，这种尺寸在设计时要首先确定，它是设计机器、了解和选用机器的依据，如图 6-1 中的∅24、∅30 js6 等。

(2) 装配尺寸。表示零件间装配关系和工作精度的尺寸，图中有以下几种：

① 配合尺寸：表示零件间有配合要求的一些重要尺寸，如图 6-1 中的∅32H7/h6、∅47J7/h8 等。∅32H7/h6 表示基本尺寸为∅32、公差等级为 7 级、基本偏差为 H 的基准孔，与公差等级为 6 级、基本偏差为 h 的基准轴所组成的基孔制的间隙配合。∅47J7/h8 表示基本尺寸为∅47、公差等级为 7 级、基本偏差为 J 的孔，与公差等级为 8 级、基本偏差为 h 的基准轴所组成的基轴制的间隙配合。

② 相对位置尺寸：表示装配时需要保证的零件间较重要的距离、间隙等。如图 6-1 中的轴中心距 70±0.060 和底面到轴的中心高度 80 等。

③ 装配时加工尺寸：有些零件要装配在一起后才能进行加工，装配图上要标注装配时的加工尺寸。如图 6-2 中的销孔中心距的尺寸 4 等。

④ 安装尺寸：将部件安装在机器上，或机器安装在基础上需要确定的尺寸。如图 6-2 中的机座安装螺栓的中心孔尺寸 133、78。

⑤ 外形尺寸：表示机器或部件总长、总宽、总高，它是包装、运输、安装和厂房设计时所需的尺寸。如图 6-1 中的 233、212、150 等。

⑥ 其他重要尺寸：不属于上述的尺寸，但设计或装备时需要保证的尺寸。如图 6-1 中的

轴端到中心的尺寸 99、70 等。

知识点 配合

基本尺寸相同的两个相互结合的孔和轴公差带之间的关系称为配合。

1. 配合类型

根据使用要求不同，国标规定配合分间隙配合、过盈配合、过渡配合三类。

(1) 间隙配合：孔与轴配合时具有间隙（包括最小间隙等于零）的配合，如图 6-8a 所示。由图 6-8b、c 可见，间隙配合孔的公差带在轴的公差带之上。

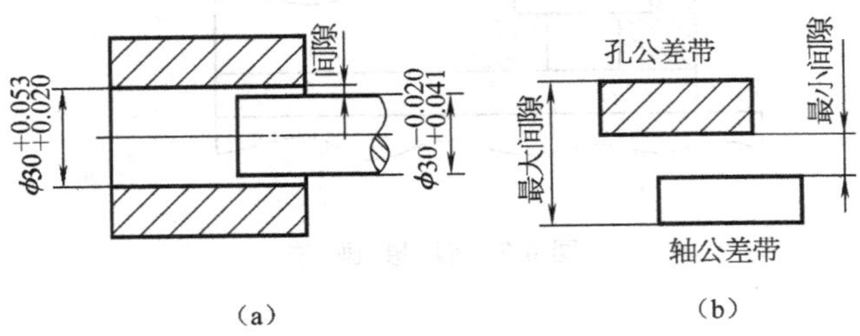

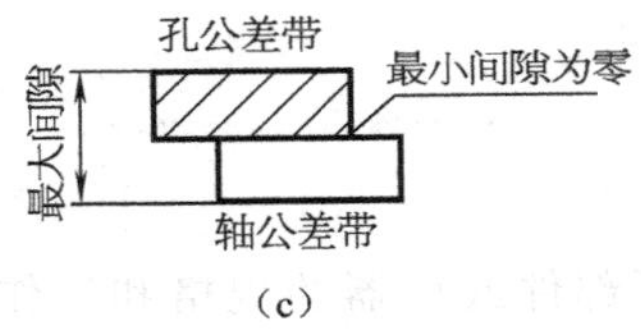

图 6-8 间 隙 配 合

(2) 过盈配合：具有过盈（包括最小过盈等于零）的配合，如图 6-9a 所示。由图 6-9b、c 可见，过盈配合孔的公差带在轴的公差带之下。

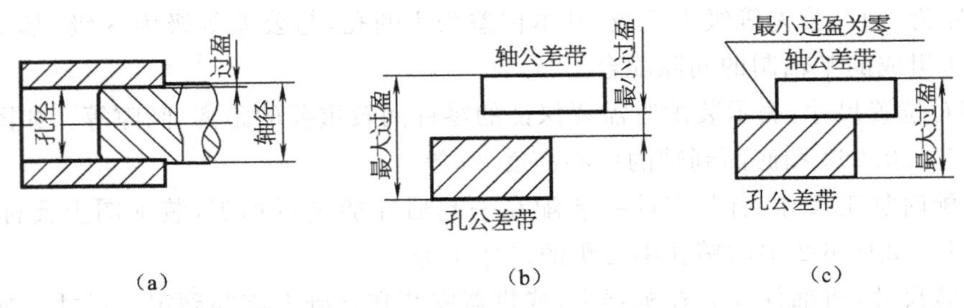

图 6-9 过 盈 配 合

(3) 过渡配合：可能具有间隙或过盈的配合，如图 6-10a 所示。由图 6-10b、c、d 可见，过渡配合孔的公差带与轴的公差带相互交叠。

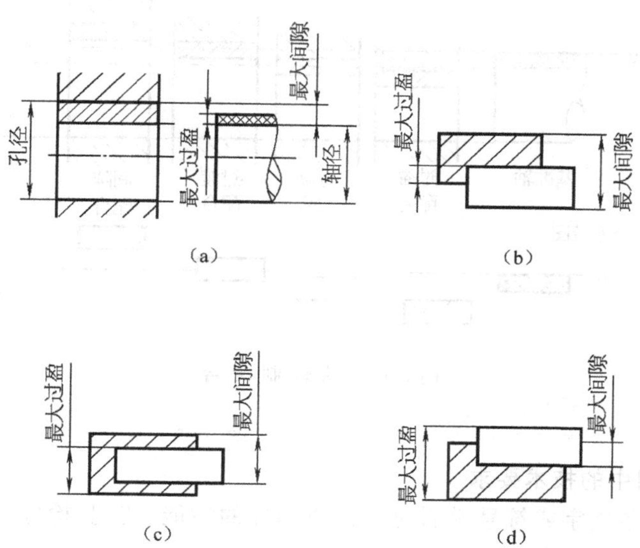

图 6-10 过 渡 配 合

在孔和轴的 28 个基本偏差中，A～H(a～h)用于间隙配合；P～ZC(p～zc)用于过盈配合；J～N(j～n)用于过渡配合。

2. 配合制度

为便于选择配合，减少零件加工的专用刀具和量具，国标对配合规定了两种基准制。

(1) 基孔制：基本偏差为一定的孔的公差带，与不同基本偏差的轴的公差带形成各种配合的一种制度，如图 6-11 所示。基准孔的下偏差为零，并用代号 H 表示。

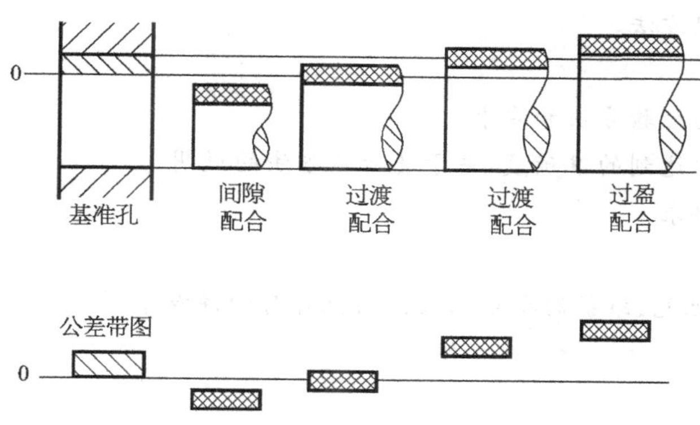

图 6-11 基 孔 制 配 合

(2) 基轴制：基本偏差为一定的轴的公差带，与不同基本偏差的孔的公差带形成各种配合的一种制度，如图 6-12 所示。基准轴的上偏差为零，并用代号 h 表示。

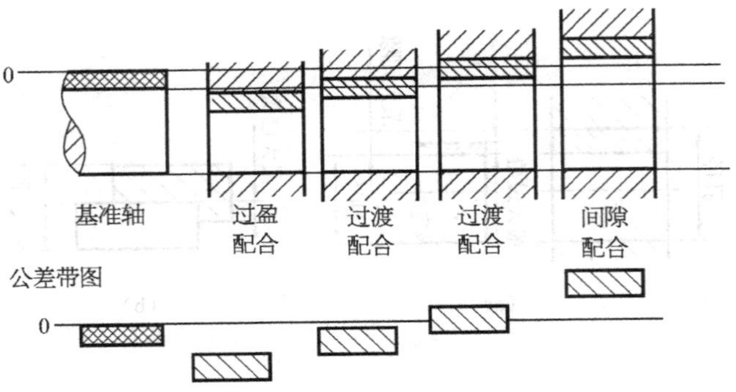

图 6-12 基轴制配合

5. 分析装配图中的技术要求

装配图中用四条文字或符号说明对机器或部件的性能、装配、检验、使用等方面的要求和条件。

知识点 装配图中的技术要求

各类不同的机器或部件，其性能不同，技术要求也不相同。零件图中已经注明的技术要求，装配图上不再重复标注。装配图中的技术要求可以从以下几个方面来考虑：

1. 装配要求

(1) 装配后必须保证的准确度。

(2) 需要在装配时的加工说明，如配合后的加工。

(3) 装配时的要求。

(4) 指定的装配方法。

2. 检验要求

(1) 基本性能的检验方法和要求。

(2) 装配后必须达到的准确度，关于其检验方法的说明。

(3) 其他检验要求。

3. 使用要求

对产品的基本性能、维护的要求以及使用操作时的注意事项。

活动 2 装配齿轮减速器

参照图 6-1 减速器装配图和图 6-4 减速器装配体爆炸图，装配齿轮减速器。

(1) 检查箱体内有无零件及其他杂物留在箱体内后，擦净箱体内部。

(2) 将箱内各零件，用棉纱擦净，并涂上机油防锈。

(3) 按照先拆后装的原则将原来拆卸下来的轴上零件按编好的顺序返装回去。

(4) 将各传动轴部件装入箱体内。

(5) 将嵌入式端盖装入轴承压槽内，并用调整垫圈调整好轴承的工作间隙。

(6) 检查场地有无漏装的零件，各轴及固定齿轮是否有轴向窜动，各处纸垫是否完好，各对啮合齿轮是否在全部齿宽内啮合；用手转动高速轴，看会否灵活平稳转动，观察有无零件干涉。

(7) 装好所有附件。

(8) 经指导教师检查后才能合上箱盖。

(9) 松开起盖螺钉，装上定位销，并打紧。装上螺栓、螺母，用手逐一拧紧后，再用扳手分多次均匀拧紧。

(10) 按规定在减速器箱体内加入适量的润滑油，用棉纱擦净减速器外部。

安装过程中要常转动配合件，注意油封的方向且不得有破损。装配轴和滚动轴承时，应注意方向。在装配过程中，要注意文明生产和安全生产。

§6.4　考核建议

职业技能考核				职业素养考核			
是否完成	完　成　情　况			安全	卫生	合作	……
	要求 1	要求 2	……				

§6.5　知识拓展

一、金属的机械性能

金属材料由于具有优良的使用性能（如机械性能、物理性能及化学性能）和工艺性能（如铸造性能、塑性成形性能、焊接性能和切削加工性能等），易于制成其性能、形状都符合要求的机械零件、工具和其他制品，是现代工业和科学技术等方面不可缺少的重要材料。

零件的热处理，是按一定要求对零件进行加热、保温和冷却，使金属内部组织发生变化，从而提高材料力学性能的工艺，如正火、退火、回火、淬火、调质等。零件的表面热处理，是改善零件表面硬度、耐磨性、抗腐蚀性等表面性能的工艺方法。

金属的机械性能是指金属材料在外力作用下所表现出来的特性，也称为力学性能。它主要包括：强度、塑性、硬度、冲击韧性、疲劳强度等。

1. 强度

指金属在外力作用下抵抗塑性变形和断裂的能力。由于承受载荷形式的不同，金属的

强度可分为抗拉强度、压缩强度和弯曲强度等。

2. 塑性

指金属在外力作用下产生永久变形而不致破坏的能力。

3. 硬度

指金属抵抗比它更硬物体压入时所引起的塑性变形能力。生产上常用的有布氏硬度、洛氏硬度和维氏硬度等。

4. 冲击韧性

指金属抵抗冲击载荷作用而不被破坏的能力。

5. 疲劳强度

指金属在交变载荷作用下,经多次循环后,并无显著外观变形却会发生断裂的现象。

二、金属的种类

金属材料分为黑色金属和有色金属两大类。

黑色金属主要指铸铁和钢,有色金属主要指铝、铜、钛、镍、镁、铅、锡、锌等及其合金。常用金属材料分铸铁(如 HT150、QT400－18)、碳素结构钢(Q235、45、30Mn)、合金结构钢(如 20Cr、40MnB)等。

1. 铸铁

铸铁是含碳量大于2.11%的铸造铁碳合金。由于铸铁具有优良的铸造性、减震性、减摩性和可切削性,同时它的生产设备和工艺简单,成本低廉,所以广泛应用于机械制造、石油化工、冶金矿山、交通运输和国防工业等部门。

根据石墨在铸铁中存在的形态不同,把铸铁分为灰铸铁(HT)、可锻铸铁(KTH)、球墨铸铁(QT)和蠕墨铸铁等。

(1) 灰铸铁:因断口为暗灰色而得名,是目前应用最广泛的铸铁(其铸铁件约占各类铸铁总产量的80%),其化学成分范围 C:2.6%～3.6%,Si:1.2%～3.0%,Mn:0.4%～1.2%,P≤0.3%,S≤0.15%。牌号有 HT100、HT150、HT200、HT250、HT300、HT350 等。例如 HT100 表示灰铸铁,其最低抗拉强度为 100MPa。灰铸铁广泛用于制造一般的零件。

(2) 锻铸铁:它是由白口铸铁经热处理而得到的,又称马铁、展性铸铁或韧性铸铁。但它实际上是不会锻造的。其化学成分范围 C:2.4%～2.7%,Si:1.4%～1.8%,Mn:0.5%～0.7%,P<0.08%,S<0.25%。牌号有 KTH300－06、KTH330－08、KTH350－10、KTH370－12、KTZ450－06、KTZ650－02、KTZ700－02 等。例如 KTH300－06 表示黑心可锻铸铁,其最低抗拉强度为 300MPa,最低延伸率为 0.6。可锻铸铁主要用来制造一些形状复杂而又经受震动的薄壁小型铸件。

(3) 球墨铸铁:石墨呈球状的铸铁,简称球铁。其化学成分范围 C:3.5%～3.8%,Si:2.0%～3.0%,Mn<0.5%～0.70%,P<0.08%,S<0.025%,Mg:0.03%～0.07%,Xt:0.015%～0,045%。牌号有 QT400－17、QT420－10、QT500－05、QT600－02、QT700－02、QT800－02、QT1200－01 等。例如 QT420－10 表示球墨铸铁,其最低抗拉强度为 420MPa,最低延伸率为 10。球墨铸铁用来制造受冲击和要求较高韧性的零件。

2. 碳钢

碳钢广泛应用于国民经济的各个部门，也是制造化工机器与设备的常用金属材料，在钢的总产量中，碳钢占85%左右。碳钢按质量和用途可分为：普通碳素结构钢、优质碳素结构钢、碳素工具钢及铸钢等。

(1) 普通碳素结构钢：其牌号以字母Q+屈服点数值+质量等级符号分为A、B、C、D四级+脱氧方法符号(四个部分)按顺序组成。例如Q235B，表示普通碳素结构钢，其屈服强度值为235MPa，质量等级是B级，未标注脱氧方法符号者为镇静钢。普通碳素结构钢一般用于不重要的机械结构材料、工程结构材料、建筑用钢材，以及日用品等。

(2) 优质碳素结构钢：其牌号以两位数字表示，数字代表钢中平均含碳量的万分数。如45号钢表示平均含碳量为0.45%的优质碳素结构钢。它的用途广泛，如制造冲压件、焊接件、螺钉、螺母、高压法兰、渗碳件、齿轮、轴类、连杆、弹簧等。

(3) 碳素工具钢：其牌号以字母T及平均含碳量的千分数表示。例如T8，表示优质碳素工具钢，平均含碳量为0.8%。碳素工具钢只适用于制造尺寸较小、形状简单、质量要求一般、工作温度不高的工具。

(4) 铸钢：生产中，许多形状复杂的零件，很难用锻压等方法成形，用铸铁又难以满足性能要求，这时需选用铸钢，即将钢液直接浇注成钢件。在重型机械、运输机械、石油化工、国防工业等部门中，不少零件系铸钢件。其牌号以字母ZG及数字组成。例如ZG200—400表示铸钢，其最低抗弯强度为200MPa，其最低抗拉强度为400MPa。

3. 合金钢

由于工业、农业、国防和科学技术的不断发展，对钢材的性能要求也多种多样，碳钢是不能完全满足的，所以人们有意识地在钢中加入一定量的合金元素，借以提高钢的性能，以达到某些要求，这种钢称为合金钢。在钢中常加入的合金元素有Si、Mn、Cr、Ni、Mo、W、V、Ti、Nb、Al、B、Co、Cu、Zr、Ta、Pb和Xt(稀土元素)等。大多数的合金钢必须通过热处理，才会充分显示其优良的特性。

(1) 合金钢按合金元素总含量分类：

- 低合金钢：合金元素总含量<5%；
- 中合金钢：合金元素总含量为5%～10%；
- 高合金钢：合金元素总含量>10%。

(2) 按主要合金元素种类分类：铬钢、锰钢、硅锰钢、铬锰钛钢等。

(3) 按用途分类：

- 合金结构钢，包括低合金结构钢、渗碳钢、调质钢、弹簧钢、滚动轴承钢；
- 合金工具钢，包括刃具钢、模具钢、量具钢；
- 特殊性能钢，包括不锈钢、耐热钢、耐磨钢等。

合金钢的牌号采用合金元素符号和数字来表示，简称为："数字+合金元素符号+数字"。低合金钢、合金结构钢、合金弹簧钢用2位数字表示平均含碳量(以万分之几计)。不锈耐酸钢、耐热钢等，一般用一位数字表示平均含碳量(以千分之几计)。合金工具钢、高速工具钢、高碳轴承钢等，一般不标出含碳量数字。

例如：低合金钢：16Mn、16MnNb、15MnTi、15MnV等。

渗碳钢：20Cr、20CrMnTi、20MnVB、20Cr2Ni4等。

调质钢：40Mn、40B、40Cr、35SiMn、40MnB、40CrNi、35CrMo、37CrNi3、40CrNiMo等。

弹簧钢：65、65Mn、50CrVA、60Si2Mn 等。

滚动轴承钢：GCr9、GCr9SiMn、GCr15 等。

合金工具钢：9Mn2V、9SiCr、Cr06 等。

高速工具钢：W18Cr4V、W6Mo5Cr4V2 等。

不锈钢：1Cr13、1Cr17Ni2、1Cr17Mo、1Cr18Ni9Ti、2Cr25Ni20、4Cr9Si2 等。

三、钢的热处理

在化工机械工业中，钢是应用最广泛的金属材料。为了充分发挥钢材潜力，节约钢材和改善钢材性能，延长工件的使用寿命，往往要进行热处理。钢的热处理是机械制造工艺中一个重要的工序。据统计，在汽车、拖拉机制造中，70%～80%的零件要经过热处理，刀具、量具及模具制造中，几乎全部要进行热处理。在化工机械的制造中，许多重要零件，如压缩机活塞杆、连杆、曲轴、活塞环、化工设备中钢制焊接件等，大都要进行热处理。

钢的热处理就是将钢在固态范围内加热到给定的温度，经过保温，然后按选定的冷却速度冷却，以改变其内部组织，从而获得所需要性能的一种工艺方法。

根据加热和冷却方法的不同，常用的热处理方法有普通热处理和表面热处理。普通热处理有退火、正火、淬火、回火；表面热处理有表面淬火、火焰加热淬火、感应加热淬火、渗碳、氮化等。

1. 退火

退火是把钢加热到一定的温度经过保温，然后随炉缓慢冷却的一种热处理工艺方法。退火的主要目的是降低硬度，消除内应力，改善切削加工性能，并为以后的淬火作好组织准备。

2. 正火

正火是把钢加热到一定的温度经过保温，然后在空气中冷却的一种热处理工艺方法。正火的主要目的是细化晶粒，消除内应力，改善切削加工性能。

3. 淬火

淬火是把钢加热到一定的温度经过保温，然后以很快的速度进行冷却（如水冷、油冷）的一种热处理工艺方法。淬火的主要目的是提高表面硬度和耐磨性。

4. 回火

回火是把淬火钢加热到一定的温度经过保温，然后缓慢冷却或快速冷却的一种热处理工艺方法。回火的主要目的是减少或消除内应力，降低脆性，获得所要求的机械性能，稳定组织，稳定工件尺寸。回火可分为低温回火（150～250℃）、中温回火（350～500℃）、高温回火（500～650℃）。通常把淬火后随即进行高温回火的热处理操作称为调质处理，它具有一定的强度、硬度，又有较好的塑性和冲击韧性，即所谓有较好的综合机械性能。

§6.6　想一想、议一议

1. 一张完整的装配图主要包括一组图形、一组尺寸、标题栏与明细表和(　　)。

(a) 配合尺寸；　　(b) 技术要求；

(c) 形位公差；　　(d) 尺寸公差

2. 装配图中零件序号的编排方法是(　　)。

(a) 按水平排列整齐；

(b) 按垂直整齐排列；

(c) 按逆时针方向排列整齐；

(d) 沿水平或垂直方向排列整齐，并按顺时针或逆时针方向依次排列

3. 在水平线上或圆内注写零件序号时，序号字高比尺寸数字字高(　　)。

(a) 大一号；　　(b) 大二号；

(c) 小一号；　　(d) 大一号或大二号

4. 明细栏中零件序号的注写顺序是(　　)。

(a) 由上至下；　(b) 由下往上；　(c) 由左往右；　(d) 无要求

5. 读装配图时主要是了解装配体的工作原理、各零件间的装配关系及(　　)。

(a) 各零件的序号；　　(b) 各零件的大致形状；

(c) 技术要求；　　(d) 尺寸

6. 装配图中沿零件结合面剖切，在剖视图中只画出切断零件的剖面线的画法是(　　)。

(a) 规定画法；　(b) 拆卸画法；　(c) 特殊画法；　(d) 半剖视图

7. 在装配图中，两零件间隙很小(　　)。

(a) 可画一条线；　　(b) 必须画成两条线；

(c) 涂黑；　　(d) 前三者均可

8. 装配图中的尺寸包括装配尺寸、安装尺寸、外形尺寸、其他主要尺寸及(　　)。

(a) 性能尺寸；　(b) 总体尺寸；　(c) 定形尺寸；　(d) 定位尺寸

9. 按孔和轴公差带的相互关系，配合一般分为(　　)。

(a) 1 种；　(b) 2 种；　(c) 3 种；　(d) 4 种

10. 在基孔制配合中，规定基准孔(　　)。

(a) 上偏差为零，下偏差为负值；　　(b) 上偏差为正值，下偏差为负值；

(c) 下偏差为零，上偏差为正值；　　(d) 下偏差为负值，上偏差为正值

11. 在孔轴配合中公差等级的选定一般为(　　)。

(a) 孔比轴高一级；　　(b) 孔比轴低一级；

(c) 孔比轴低二级；　　(d) 孔与轴相同

12. 滚动轴承内圈与轴的通常采用(　　)配合。

(a) 基孔制；　(b) 基轴制；　(c) 无要求；　(d) 孔与轴相同精度

13. 装配体拆、装零件的顺序一般是(　　)。

(a) 相同的；　(b) 相反的；　(c) 按序号拆装；　(d) 不一定

14. 提高灰口铸铁的耐磨性应采用(　　)。

(a) 整体淬火；　　(b) 渗碳处理；　　(c) 表面淬火

15. 机架和机床床身应用(　　)。

(a) Q235；　　(b) T10A；　　(c) HT150；　　(d) T8

16. 改锥拧动螺丝，头部常以磨损、卷刃或崩刃的形式失效，杆部承受较大的扭转和轴向弯曲应力，所以头部应有较高的硬度，杆部应有较高的刚度和屈服强度，并且都要有一定的韧性(以免断裂)。锥把直径较大(为了省力)，主要要求重量轻、绝缘性能好，与推杆能牢固的结合，外观漂亮。因此锥杆材料应选用(　　)，头部进行(　　)处理，杆部进行(　　)处理，锥把材料应选用(　　)。

(a) 高碳钢；　　(b) 低碳钢；　　(c) 中碳钢；　　(d) 塑料；

(e) 橡胶；　　(f) 木料；　　(g) 淬火；　　(h) 正火；

(i) 调质；　　(j) 退火

17. 电炉炉丝与电源线的接线座应用(　　)材料最合适。

(a) 绝缘胶木；　　(b) 有机玻璃；　　(c) 20 钢；　　(d) 高温陶瓷

18. 汽车板弹簧选用(　　)。

(a) 45；　　(b) 60Si2Mn；　　(c) 2Cr13；　　(d) 16Mn

19. 65、65Mn、50CrV 等属于(　　)类钢，其热处理特点是(　　)。

(a) 工具钢，淬火＋低温回火；

(b) 轴承钢，渗碳＋淬火＋低温回火；

(c) 弹簧钢，淬火＋中温回火